测量学实验与实习

主　　编　陈丽华

副主编　张　豪　赵良荣　杜国标

　　　　　徐文兵　邵彩军

ZHEJIANG UNIVERSITY PRESS
浙江大学出版社

图书在版编目(CIP)数据

测量学实验与实习 / 陈丽华主编. —杭州:浙江
大学出版社,2010.12(2025.1重印)
ISBN 978-7-308-08168-9

Ⅰ.①测⋯ Ⅱ.①陈⋯ Ⅲ.①测量学—实验—高等学
校—教学参考资料 Ⅳ.①P2-33

中国版本图书馆 CIP 数据核字(2010)第 233931 号

测量学实验与实习

陈丽华 主编

责任编辑	沈国明	
封面设计	刘依群	
出版发行	浙江大学出版社	
	(杭州市天目山路 148 号 邮政编码 310007)	
	(网址:http://www.zjupress.com)	
排 版	浙江时代出版服务有限公司	
印 刷	浙江新华印刷技术有限公司	
开 本	787mm×1092mm 1/16	
印 张	10.75	
字 数	260 千字	
版 印 次	2011 年 1 月第 1 版 2025 年 1 月第 17 次印刷	
书 号	ISBN 978-7-308-08168-9	
定 价	30.00 元	

内容提要

　　本书是测量学或工程测量的实验实习课教材，共分三部分：第一部分为测量实验实习基本要求，包括测量实验一般规定、测量仪器使用规则等；第二部分为测量实验，包括 27 个课间实验项目，每个实验含实验目的、实验计划、实验仪器、方法步骤、技术要求、注意事项、实验报告、练习题等八个方面；第三部分为测量实习，阐述了集中测量教学实习的目的、计划、内容、方法、要求、成果整理和实习总结等。每个实验及实习后均附有测量记录用表，测量时可在表上直接填写。

　　本书可与有关《测量学》、《土木工程测量》等教材配合，作为高等院校土木、交通、水利、规划、农林、环境、地矿等专业测量实验课与实习课的教学用书。

前　言

随着科学技术的飞速发展,人类社会不断朝着数字化、信息化迈进,作为研究地理信息的获取、处理、描述和应用的测绘科学,在工程建设领域中的作用将变得更加重要。测量课是一门实践性很强的专业基础课程。在进行课堂教学时,为了使学生加深和巩固所学知识,需进行必要的课间测量实验。课程结束后,为使学生进一步系统全面地掌握测量理论,运用所学知识解决工程中的有关测量、测设问题,为今后从事这方面工作打下扎实基础,还应集中两周进行测量教学实习。

由于测绘新技术、新仪器的使用,使测量的作业方式、方法也发生了很大变化。为了更好地搞好课间测量实验及集中测量实习这两个重要的教学环节,根据有关教学大纲及学科发展我们编写了本书,旨在加强学生动手操作能力及分析问题、解决问题的能力。本书于2009年11月列为浙江省高校重点教材建设项目。

本书分三部分,内容包括测量实验实习基本要求、测量实验指导及测量实习指导。在测量实验中列出了27个课间实验项目,既包括了传统测绘技术,也包括了测绘新设备、新方法的运用,学生使用时,可根据各自学校的实验学时数、仪器设备条件及专业特点选做部分实验项目,有些实验项目也可放到测量实习时进行。在测量实习部分列出了集中实习时应进行的有关测量工作项目,包括测图、放样、线路测量等。为方便使用,在每个实验后及实习内容后列出了相关的记录计算表格,实验实习时可直接填写,使实验实习更统一、规范。

本书既可配合有关教材使用,也可单独使用。由于测量实验与测量实习不是同时开设的,学生在学完测量理论课及课间实验课后,应妥善保存本书,以便在测量实习时继续使用。

本书由浙江省有关高校的测量教师在多次研讨的基础上编写而成,得到了浙江大学、浙江工业大学、浙江科技学院、浙江农林大学、绍兴文理学院、台州学院、浙江树人大学等高校有关老师的参与和浙江省测绘学会教育工作委员会的帮助。本书主要由陈丽华、汪孔政、赵良荣编写,张豪、杜国标、徐文兵、施拥军、邵彩军、傅群、祁巍锋、何春木等参加了部分编写工作。本书由浙江大学陈丽华主编,张豪、赵良荣、杜国标、徐文兵、邵彩军副主编。本书由同济大学潘国荣教授、沈云中教授主审,在此表示感谢。

由于作者水平有限,书中难免有不足与错误,恳请读者批评指正。

作　者
2010 年 7 月

目　　录

第一部分　测量实验实习基本要求

测量学是一门实验性较强的课程,在整个测量学教学过程中,课间实验是必不可少的教学环节,另外还有两周的集中教学实习。

实验课的目的是巩固和加深学生所学的测量学理论知识。通过实验,进一步认识测量仪器的构造和性能,掌握测量仪器的使用方法、操作步骤和检验校正的方法。同时,学生通过亲手操作与观测成果的记录、计算及数据处理,提高分析问题和解决问题的能力,加深其理解和掌握测量学的基本知识、基本理论和基本技能。

各实验小组应在指导教师指定的场地上进行实验与实习,听从指导教师的事先安排。

一、测量实验一般规定

1. 上实验课前,学生应根据实验项目和要求、参考教材与课堂笔记,认真地做好预习,将实验的步骤、操作方法、记录、计算及注意事项等弄清楚,以使实验顺利进行。

2. 上实验课时,学生应先认真听取教师对该次实验的方法与具体要求的讲解和布置,再以实验小组为单位到实验室填写仪器领用清单,领用时应检验仪器、工具是否完好。在实验中,学生要像爱护自己的眼睛一样爱护仪器和工具。实验结束时,将所领的仪器和工具如数归还实验室,若有遗失或损坏,应按规定赔偿。

3. 上实验课不得迟到早退,应遵守纪律与操作规程,听从教师指导。初次接触仪器,未经教师讲解,不得擅自架设仪器进行操作,以免损坏仪器。

4. 实验小组组长要负责全组同学的实验分工,使每个同学能轮流做到各项实验内容。同学之间要提倡团结互助,相互学习。

5. 实验时要爱护校园内各种设施和花草树木。

6. 实验记录是实验成果的重要凭据(在实际工程勘测中是一项重要原始资料),务必遵守下列几点:

(1)记录必须用 3H 硬铅笔,观测数据应随即直接记入指定的表格内,记录者应将记入的数据当即向观测者复诵一遍,以免读错、听错和记错。

(2)记录字体一律用正楷书写,不得潦草。记错时用笔划去,并在其上方写上正确数据。记录数据不准转抄、涂改或用橡皮揩擦,绝不能伪造数据。

(3)记录数据应准确表示观测精度,能读出毫米的应记到毫米位数,能读出秒值的应记到秒位数。

(4)表格上各项内容应填写齐全,并由观测者、记录者负责签名。实验报告是实验课成绩考核的依据之一,应妥善保存。

(5)保持测量记录表的整洁,不得利用记录表边上的空白处来计算草稿。

7. 实验报告一般应在实验结束时随同仪器一起交回实验室。

二、测量仪器使用规则

测量仪器是贵重精密仪器,也是测绘工作者的武器,实验时必须精心使用,小心爱护。

1. 领用

(1)严格按实验室规定手续领用仪器。

(2)领用时应当场清点器具件数,检查仪器及仪器箱是否完好,锁扣、拎手、背带等是否牢固。

2. 安装

(1)先架设好三脚架,再开箱取仪器。

(2)打开仪器箱,先看清仪器在箱内的安放位置,以便用毕后能按原位放回。

(3)用双手握住仪器基座或望远镜的支架,然后取出箱外,当即安放在三脚架上,随即旋紧固定仪器与三脚架的中心连接螺旋。严禁未拧紧中心连接螺旋就使用仪器。

(4)取出仪器后及时关好仪器箱,以免灰尘侵入。严禁用箱当凳坐人。

3. 使用

(1)转动仪器各部件时要有轻重感,不能在没有放松制动螺旋的情况下强行转动仪器,也不允许握着望远镜转动仪器,而应握着望远镜支架转动仪器。

(2)旋动仪器各个螺旋时不宜用力过大,旋得过紧会损伤轴身或使螺旋滑牙,应做到手轻力小,旋得松紧适当。

(3)物镜、目镜等光学仪器的玻璃部分不能用手或纸张等物随便擦拭,以免损坏镜头上的药膜。

(4)操作时,手、脚不要压住三脚架和仪器的非操作部分,以免影响观测精度。

(5)严禁松动仪器与基座的连接螺旋。严禁无人看管仪器,以免出意外。

(6)水准尺、花杆等木制品不可受横向压力,以免弯曲变形,不得坐压或用来抬仪器,更不能当标枪和棍棒玩耍。

(7)使用钢尺时,尺子不得扭曲,不得踩踏和让车辆碾压,移动钢尺时,不得着地拖拉。

(8)仪器附件和工具(特别是垂球)不要乱丢,用毕后应放在箱内原位或背包里,以防遗失。

(9)在烈日和雨天使用仪器,应撑测伞使仪器免受日晒和雨淋。

(10)使用中若发现仪器有什么问题,要及时报告指导教师。

4. 搬站

(1)仪器长距离搬站,须将仪器收入仪器箱内,并盖好上锁,专人负责小心背运,尽量避免震动。

(2)仪器短距离搬站,可将仪器连同三脚架一起搬动,但要十分精心稳妥,即用右手托住仪器,左手抱住脚架,并夹在左腋下贴胸稳步行走。

(3)搬移仪器时须带走仪器箱及其他有关工具。

5. 收放

(1)先打开仪器箱,再松开仪器与三脚架的连接螺旋,取下仪器并放松制动螺旋,随后按原来的位置放入箱内,关好上锁。

(2)检查各附件与工具是否齐全,并按原位置收放好。

6. 归还

(1)当实验完毕时,应及时归还,不得随意将仪器拿回寝室私自保管。

(2)归还时应当面点清,验毕方可离去。

第二部分　测量实验

　　测量实验是在课堂教学期间某一章节讲授之后安排的实践性教学环节。通过测量实验，加深对测量基本知识的理解，巩固课堂所学的基本理论，初步掌握测量工作的操作技能，也为学习本课程的后续内容打好基础，以便更好地掌握测量课程的基本内容。

　　本部分共列出了 27 个测量实验项目，其先后顺序基本上按照课程教学的内容先后安排。有些是基本实验项目，各专业的学生都应掌握其要领；还有些实验项目是结合各专业设计的，这部分实验项目可根据教学大纲、课程学时数及专业情况灵活选择。如受授课时数限制，有些实验可在集中测量实习时进行。有些实验项目为介绍测量新仪器、新技术的，各学校可根据各自的仪器拥有情况选择，通常为指导教师演示后再认识操作。根据各学校情况，每个实验的学时数及小组人数可灵活安排，有些实验项目可分次进行，有的也可合并进行。

　　每次实验，由指导教师讲授理论课后布置，学员应先预习，在实验前明确实验内容和要求，熟悉实验方法，这样才能较好地完成实验任务，掌握实验操作技能。

　　每项实验均附有实验记录计算表格，应在观测时当场记录，不得转抄，必要时应在现场进行有关计算。每次实验完成后，应将实验报告与实验仪器一同上交实验室，在指导教师批阅后及时分发给学生。

实验一　水准仪的认识与使用

一、实验目的

1. 了解 DS$_3$ 水准仪的基本构造及性能,认识其主要部件的名称和作用。
2. 练习 DS$_3$ 水准仪的安置、粗平、瞄准、精平、读数。
3. 练习水准测量一测站的观测、记录和计算。

二、实验计划

1. 实验时数 2 学时。
2. 每实验小组由 4 人组成。1 人观测,1 人记录,2 人扶尺,依次轮流进行。
3. 每组在实验场地任选两点,放上尺垫,每人改变仪器高度后分别测出这两点尺垫间的高差。

三、实验仪器

每实验小组的实验器材为:DS$_3$ 水准仪 1 台,水准尺 2 把,尺垫 2 个。

四、方法步骤

1. 水准仪的认识

(1)DS$_3$ 微倾式水准仪

水准仪是能够提供水平视线的仪器。图 2-1 是 DS$_3$ 微倾式水准仪外貌及各部分名称。

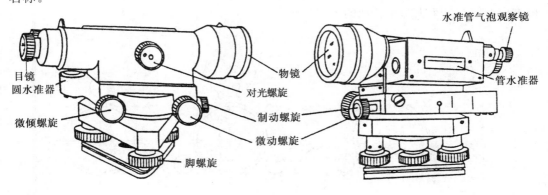

图 2-1

DS$_3$ 微倾式水准仪由望远镜、水准器、基座三部分组成。

(2)自动安平水准仪

自动安平水准仪在望远镜内设置了一个补偿棱镜,当圆水准器气泡居中,仪器处于粗平状态时,即可通过补偿棱镜读得视线精确水平时应得的读数,因此,自动安平水准仪不需要采用水准管和微倾螺旋,操作比普通水准仪简便,还可以防止普通水准仪在操作中忘记精平的失误。图 2-2 为苏州光学仪器厂生产的 DS₃-Z 型自动安平水准仪的外形及各部件名称。

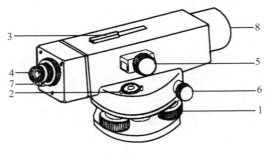

图 2-2

1.脚螺旋;2.圆水准器;3.瞄准器;4.目镜调焦螺旋;
5.物镜调焦螺旋;6.水平微动螺旋;7.补偿器检查按钮;8.物镜

2. 水准仪的使用

DS₃ 微倾式水准仪的基本操作程序可归纳为安置、粗平、瞄准、精平和读数等步骤。

(1)安置

将水准仪架设在前后两测点之间,三个脚尖成等边三角形,目估架头大致水平,使仪器稳固地架设在脚架上。作业时,通过调节三脚架可伸缩架脚的长度,使仪器高度适中,从仪器箱中取出水准仪,用中心连接螺旋将其固定于三脚架的架头上。

(2)粗平

通过调节脚螺旋将圆水准器气泡居中,使仪器的竖轴大致竖直,从而使视准轴(即视线)基本水平。如图 2-3(a)所示,首先用双手的大拇指和食指按箭头所指方向转动脚螺旋①和②,使气泡从偏离中心的位置 a 沿①和②脚螺旋连线方向移动到位置 b,如图 2-3(b)所示;然后用左手按箭头所指方向转动脚螺旋③使气泡居中,如图 2-3(c)所示。气泡移动的方向始终与左手大拇指转动的方向一致。

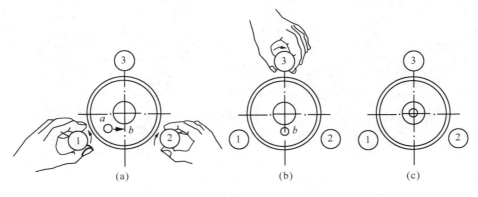

(a)   (b)   (c)

图 2-3

（3）瞄准

把望远镜对准水准尺,进行调焦(对光),使十字丝和水准尺成像都十分清晰,以便读数。具体操作过程是:转动目镜座对目镜进行调焦,使十字丝十分清晰;放松水准仪制动螺旋,用望远镜上的缺口和准星对准尺子,旋紧制动螺旋固定望远镜;转动物镜对光螺旋对物镜进行调焦,使水准尺成像清晰;转动微动螺旋使十字丝竖丝位于水准尺上,如图2-4所示。如果调焦不到位,就会使尺子成像与十字丝分划平面不重合。此时,观测者的眼睛靠近目镜端上下微微移动就会发现十字丝横丝在尺上的读数也在随之变动,这种现象称为视差,如图2-5所示。视差的存在将影响读数的正确性,必须加以消除。消除的方法是仔细地反复调节目镜和物镜对光螺旋,直至尺子成像清晰稳定,读数不变为止。

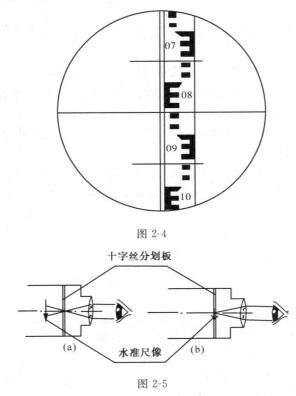

图 2-4

图 2-5

（4）精平

望远镜瞄准目标后,转动微倾螺旋,使水准管气泡的影像完全符合成一光滑圆弧(即气泡居中),从而使望远镜视准轴完全处于水平状态。

自动安平水准仪的操作程序中没有精平这一步骤。

（5）读数

水准仪精平后,立即用十字丝横丝在尺上读数。读出米、分米、厘米、毫米四位数字,毫米位估读而得。如图2-4中的尺读数为 0.859 米。

3. 一测站的观测、记录和计算

每个小组在实验场地上选定两点(相距 60 米左右),放上尺垫,在尺垫上立水准尺,一点作为后视点,另一点作为前视点。每人独立进行仪器安置、粗平,瞄准后视尺、精平后读数,再瞄准前视尺、精平后读数等操作。

要求每人改变一次仪器高度,观测两点间高差两次。观测数据记录在表 2-1-1 中。一人完成后,其他人依次轮流进行。

五、技术要求

1. 仪器高度的变化(升高或降低)幅度应大于 10 厘米。
2. 两次测定的高差之差应小于 5 毫米。
3. 各小组成员所测高差的最大值与最小值之差不超过 5 毫米。

六、注意事项

1. 选择前、后视点时,尺垫应用脚踩实。前、后视点不应选在草坪上,因在草坪上不易固定尺垫。
2. 中心连接螺旋要旋紧,以防水准仪从三脚架架头上摔落。
3. 首次接触仪器,在操作时不要用力过大或强硬拧动螺旋,以免损坏部件。
4. 瞄准目标时必须注意消除视差。
5. 每次读数前,必须检验符合水准气泡是否居中,只有当两半边气泡影像完全符合成光滑圆弧后方可读数。
6. 读数时,正像仪器应由下向上读数,倒像仪器应由上向下读数。
7. 读数必须读 4 位数,即米、分米、厘米、毫米,记录时以米为单位,如 0.859 米。

七、实验报告

每人上交水准测量记录表(表 2-1-1)。

八、练习题

1. 水准仪由_____、_____、_____三部分组成。
2. 安置三脚架时,三只脚尖在平坦地面上大致成_____,三脚架顶面大致_____。安装仪器后,转动_____使圆水准器气泡居中,转动_____使十字丝清晰,通过_____粗瞄水准尺,放松水平制动螺旋后,转动_____精确照准水准尺,转动_____消除视差;转动_____使符合水准气泡居中,最后读数。
3. 产生视差的原因是_____。
4. 高差的正负号是由_____决定的。若某两点间的高差为负,说明前视点比后视点_____。

表 2-1-1 水准测量记录表

日期_____年_____月_____日 天气_____   观测者_____

仪器号码_____   记录者_____

测 站	点 号	后视读数 （m）	前视读数 （m）	高 差 （m）	备 注

实验二　普通水准测量

一、实验目的

1. 学会在实地如何选择测站和转点,掌握普通水准测量的施测方法。
2. 掌握根据实测数据进行水准路线高差闭合差的调整和高程计算的方法。

二、实验计划

1. 实验时数 2 学时。
2. 每实验小组由 4 人组成。1 人观测,1 人记录,2 人扶尺,实验过程中轮流交替进行。
3. 每组完成一闭合水准路线普通水准测量的观测、记录、高差闭合差调整及高程计算工作。

三、实验仪器

每实验小组的实验器材为:DS_3 水准仪 1 台,水准尺 2 把,尺垫 2 个。

四、方法步骤

1. 在实验场地上,以指导教师指定的一点作为起始水准点,选定一条闭合水准路线,共由 4 点所组成,另 3 点为待定点。路线长度以安置 4～6 站为宜。
2. 在起始水准点与第一个立尺点之间安置水准仪(用目估或步测使前后视距大致相等),在前、后视点上竖立水准尺(起始水准点及待定点上均不得放置尺垫,在转点上必须放置尺垫),按一测站上的操作程序测出两点间的高差。
3. 依次设站,用相同方法施测,直至闭合到起始水准点。
4. 施测完毕后,在水准测量记录表(表 2-2-1)上进行计算校核。
5. 计算高差闭合差 f_h(表 2-2-2),计算容许闭合差 $f_{h容}$,如 $f_h \leqslant f_{h容}$,则调整闭合差,计算各待定点的高程(各组统一假定起始水准点高程为 20.000 米)。若 $f_h > f_{h容}$,则须返工重测。

五、技术要求

1. 视线长度应小于 100 米。
2. 高差容许闭合差 $f_{h容} = \pm 12\sqrt{n}$ 毫米,其中 n 为测站数。

六、注意事项

1. 选择测站及转点位置时,应尽量避开车辆和行人的干扰。

2. 前、后视距应大致相等,仪器与前、后视点并不一定要求三点成一线。

3. 每次读数前,要消除视差,并使水准管气泡严格居中,即符合气泡符合。

4. 水准尺应立直,起始水准点及待定点上不得放尺垫,转点上必须放尺垫,并一次踩实。水准尺应放在尺垫上凸出的半圆球顶上。

5. 同一测站,圆水准器只能整平一次。

6. 仪器未搬迁时,前、后视水准尺的立尺点如为尺垫,则均不得移动。仪器搬迁时,前视点的尺垫不得移动,后视点的尺垫由扶尺员连同水准尺一起携带前行。

七、实验报告

每组上交:

1. 水准测量记录表(表 2-2-1)。

2. 水准测量成果计算表(表 2-2-2)。

八、练习题

1. 水准测量中,转点起到_____的作用。

2. 调整高差闭合差的方法是_____。

3. 在测站上,当读完后视读数,转动望远镜读前视读数时,发现圆水准气泡偏离中心很多,此时应采取的措施为(   )。

A. 调整脚螺旋使圆水准气泡居中后继续读前视读数。

B. 调整脚螺旋使圆水准气泡居中后重读后视读数,随后再读前视读数。

C. 不需调整脚螺旋,继续读前视读数。

4. 在计算校核时,若发现 $\sum a - \sum b \neq \sum h$,这说明(   )。

A. 观测数据有错误

B. 高差计算有错误

C. 测量中有误差的存在

表 2-2-1　水准测量记录表

日期＿＿＿＿年＿＿＿月＿＿＿日　天气＿＿＿＿＿＿　　　观测者＿＿＿＿＿＿＿

仪器号码＿＿＿＿＿＿＿＿＿　　　　　　　　　　　　记录者＿＿＿＿＿＿＿＿

测　站	点　号	水准尺读数		高　差 (m)	备　注
		后　视 (m)	前　视 (m)		
计算校核		$\sum a =$　　　　$\sum b =$ $\sum a - \sum b =$		$\sum h =$	

表 2-2-2　水准测量成果计算表

点　号	测站数	测得高差 （m）	高差改正数 （m）	改正后高差 （m）	高　程 （m）
Σ					

$$f_h =$$ 　　　　　　　　　　$$f_{h容} =$$

实验三　四等水准测量

一、实验目的

1. 掌握四等水准测量的观测、记录和计算方法。

2. 掌握四等水准测量的主要技术指标，进行四等水准测量测站及路线检核。

二、实验计划

1. 实验时数 2 学时。

2. 每实验小组由 4 人组成。1 人观测，1 人记录，2 人扶尺，实验过程中轮流交替进行。

3. 每组完成一闭合水准路线四等水准测量的观测、记录、测站计算、高差闭合差调整及高程计算工作。

三、实验仪器

每实验小组的实验器材为：DS$_3$ 水准仪（或自动安平水准仪）1 台，水准尺 2 把，尺垫 2 个。

四、方法步骤

1. 在实验场地上，以指导教师指定的一点作为起始水准点，选定一条闭合水准路线，共由 4 点所组成，另 3 点为待定点。路线长度以安置 4～6 站为宜。

2. 在起始水准点与第一个立尺点之间安置水准仪，用步测使前后视距相等。在前、后视点上竖立水准尺（起始点及待定点上均不得放置尺垫，在转点上必须放置尺垫）。

3. 一个测站的观测按如下顺序进行：

后视黑面尺，读取下、上、中三丝读数（1）、（2）、（3）；

后视红面尺，读取中丝读数（8）；

前视黑面尺，读取下、上、中三丝读数（4）、（5）、（6）；

前视红面尺，读取中丝读数（7）。

4. 记录员将各个读数依次记录在四等水准测量记录表（表 2-3-1）的各记录栏内。

5. 一个测站的计算顺序

（1）视距计算

后视距离（9）＝[（1）－（2）]×100

前视距离（10）＝[（4）－（5）]×100

前、后视距差（11）＝（9）－（10）

前、后视距累积差（12）＝上站（12）＋（11）

（2）同一水准尺红、黑面读数之差计算

前视尺 $(13)=(6)+K_{前}-(7)$

后视尺 $(14)=(3)+K_{后}-(8)$

式中 $K_{前}$、$K_{后}$ 为前视尺及后视尺的尺常数，通常为 4.687 米或 4.787 米。

（3）红、黑面高差计算

黑面高差 $(15)=(3)-(6)$

红面高差 $(16)=(8)-(7)$

（4）红、黑面高差之差计算

$(17)=(15)-[(16)\pm0.1]=(14)-(13)$

（5）平均高差计算

$$(18)=\frac{1}{2}\{(15)+[(16)\pm0.1]\}$$

6. 依次设站，测出路线上其他各站的高差。

7. 全路线施测完成后，进行线路计算检核。

路线总长 $L=\sum(9)+\sum(10)$

$$\sum(9)-\sum(10)=末站(12)$$

当测站数为偶数时

$$\sum[(3)+(8)]-\sum[(6)+(7)]=\sum[(15)+(16)]=2\sum(18)$$

当测站数为奇数时

$$\sum[(3)+(8)]-\sum[(6)+(7)]=\sum[(15)+(16)]$$
$$=2\sum(18)\pm0.1$$

8. 进行高差闭合差的计算与调整，算出待定点的高程（各组统一假定起始水准点高程为 20.000 米）。

五、技术要求

1. 站测的技术要求

（1）视线长度(9)、(10)≤100 米。

（2）前后视距差(11)≤3.0 米。

（3）前后视距累积差(12)≤10.0 米。

（4）红、黑面读数之差(13)、(14)≤3 毫米。

（5）红、黑面高差之差(17)≤5 毫米。

2. 路线技术要求

高差容许闭合差 $f_{h容}=\pm20\sqrt{L}$ 毫米，L 为路线长度，以千米为单位。或 $f_{h容}=\pm6\sqrt{n}$ 毫米，n 为测站数。

六、注意事项

1. 选定测站时，用步测法使前后视距大致相等。

2. 每站观测完毕,应立即进行计算,只有测站检核符合要求后,仪器才能搬站。若超限,该测站应重测。

4. 当用正像仪器观测时,黑面读数可按上、下、中三丝读数的顺序进行读数。

七、实验报告

每组上交:

1. 四等水准测量记录表(表 2-3-1)。

2. 水准测量成果整理表(表 2-3-2)。

八、练习题

1. 控制前后视距差和前后视距累积差的目的是为了控制 _____、_____、_____三项误差。

2. 观测前后视距时不要改变对光位置的原因是(   )。

A. 保持视准轴不产生变化

B. 减小视差的影响

C. 减小大气折光差的影响

3. 如采用"后一前一前一后"的观测程序能消除(   )。

A. 尺垫下沉的影响

B. 仪器下沉的影响

C. 视准轴误差

表 2-3-1 三(四)等水准测量手簿

施测路线自_____至_____　　　　观测者_____　　　　记录者_____
日　期____年____月____日　天　气_____　　　　仪器型号_____
开　始____时____分　　　　　　结　束____时____分　　成　像_____

测站编号	点号	后尺 下丝／上丝	前尺 下丝／上丝	方向及尺号	水准尺读数		K+黑一红 (mm)	高差中数 (m)	备注
		后 距(m)	前 距(m)		黑 面 (m)	红 面 (m)			
		前后视距差(m)	积累差(m)						
		（1）	（4）	后	（3）	（8）	（14）		
		（2）	（5）	前	（6）	（7）	（13）	（18）	
		（9）	（10）	后一前	（15）	（16）	（17）		
		（11）	（12）						
				后					
				前					
				后一前					
				后					
				前					
				后一前					
				后					
				前					
				后一前					
				后					
				前					
				后一前					

续表

测站编号	点号	后尺	下丝	前尺	下丝	方向及尺号	水准尺读数		K+黑－红	高差	备注
			上丝		上丝		黑 面(m)	红 面(m)		中数	
		后 距(m)		前 距(m)					(mm)	(m)	
		前后视距差(m)		积累差(m)							
						后					
						前					
						后－前					
						后					
						前					
						后－前					
						后					
						前					
						后－前					
						后					
						前					
						后－前					
						后					
						前					
						后－前					

检 核	$\sum (9) - \sum (10) =$ 末站(12)= 总视距 $= \sum (9) + \sum (10) =$	$\sum [(3)+(8)] - \sum [(6)+(7)] =$ $\sum [(15)+(16)] =$ $2\sum (18) =$

18

表 2-3-2　水准测量成果整理表

点　号	距　离（km）	测得高差（m）	高差改正数（m）	改正后高差（m）	高　程（m）
Σ					

$$f_h =$$

$$f_{h容} =$$

实验四　水准仪的检验与校正

一、实验目的

1. 掌握水准仪的主要轴线及它们之间应满足的条件。
2. 熟悉 DS$_3$ 微倾式水准仪的检验与校正方法。

二、实验计划

1. 实验时数 2 学时。
2. 每实验小组由 4 人组成。1 人检校,1 人记录,2 人扶尺,可轮流交替进行。
3. 每组完成一台 DS$_3$ 水准仪的检验与校正工作。

三、实验仪器

每实验小组的实验器材为:DS$_3$ 水准仪 1 台,水准尺 2 把,尺垫 2 个,皮尺 1 把,校正针 1 根,小螺丝刀 1 把。

四、方法步骤

1. 一般检查

安置仪器后,首先检查以下方面:三脚架是否牢固,仪器外表有无损伤,仪器转动是否灵活,螺旋是否有效,光学系统是否清晰、有无霉点等。

2. 圆水准器的检验与校正

目的:检验圆水准器轴是否平行于仪器的竖轴。如果是平行的,即 $L'L' /\!/ VV$,则当圆气泡居中时,仪器的竖轴就处于铅垂位置了。

检验:安置仪器后,转动脚螺旋使圆水准器气泡居中,然后将仪器绕竖轴转 180°。如气泡仍居中,说明圆水准器轴平行于竖轴,即 $L'L' /\!/ VV$。如果气泡偏离零点,说明两轴不平行,即 $L'L'$ 与 VV 不平行。

由图 2-6(a)可知,当圆水准器气泡居中时,圆水准器轴处于竖直位置。由于 $L'L'$ 不平行于 VV,竖轴相对铅垂线方向偏离了 α 角。当仪器绕竖轴转了 180° 之后,圆水准器轴从竖轴的右侧转至左侧,它与竖轴的夹角仍为 α,因此与铅垂线的夹角为 2α,如图 2-6(b)所示,此时需进行校正。

校正:转动脚螺旋使气泡退回偏离值的一半,如图 2-6(c)所示,此时竖轴处于竖直位置,圆水准器轴仍偏离铅垂线方向 α 角。然后,用校正针拨动圆水准器底下的三个校正螺丝,使气泡居中,如图 2-6(d)所示。此时,圆水准器轴亦处于铅垂方向,圆水准器轴与竖轴平行。

此项检验与校正应反复进行,直到仪器转动至任何方向时气泡都居中为止。

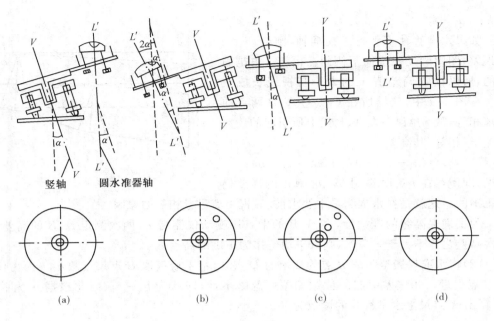

竖轴　　　圆水准器轴

(a)　　　　　(b)　　　　　(c)　　　　　(d)

图 2-6

3. 十字丝横丝的检验与校正

目的:使十字丝横丝垂直于竖轴。

检验:仪器整平后,用十字丝横丝的交点对准远处一明显的点标志,如图 2-7(a)所示,拧紧制动螺旋,再转动微动螺旋,使望远镜视准轴绕竖直的竖轴沿水平方向转动。如果点的标志沿着横丝做相对移动,如图 2-7(b)所示,则表示横丝水平,即十字丝横丝与竖轴垂直。如果点的标志离开横丝,如图 2-7(c)所示,则表示十字丝横丝不垂直于竖轴,需要校正。

校正:旋下十字丝护罩,用小螺丝刀松开十字丝固定螺丝,如图 2-8 所示,然后转动整个十字丝外环,使十字丝横丝水平,再将固定螺丝拧紧。

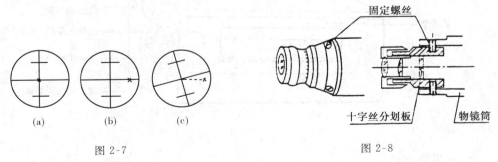

(a)　　　(b)　　　(c)

图 2-7　　　　　　　　　　　图 2-8

固定螺丝

十字丝分划板　　　物镜筒

4. 水准管轴的检验与校正

目的:检验水准管轴是否平行于视准轴。如果是平行的,则当水准管气泡居中时,视准轴是水平的。

检验:如图 2-9 所示,在较平坦的地面上选定相距 80～100 米的 A、B 两点。

(1)将水准仪安置在 A、B 两点中间,使两端距离严格相等,测出 A、B 两点的正确高

差 $h_1 = a_1 - b_1$。

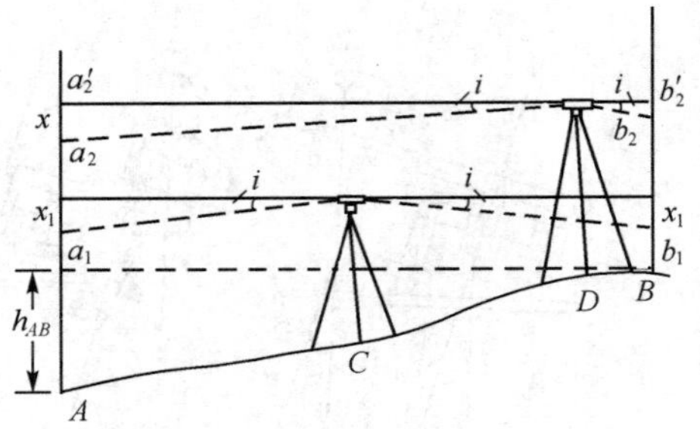

如果水准管轴不平行于视准轴,则会产生 i 角误差,图中假设视线向下倾斜。由于 i 角是固定的,所以读数偏差值 x 的大小与视线长成正比。在图 2-9 中,仪器所在 C 点与 A、B 两点的距离相等,故 i 角误差在 A、B 尺上所引起的读数偏差 x_1 相等,其高差:

$$h_1 = (a_1 + x_1) - (b_1 + x_1) = a_1 - b_1$$

可见,即使存在 i 角误差,由 a_1、b_1 算出的高差仍是正确的。这就是在水准测量中要求前、后视距离尽量相等的原因。

图 2-9

为了确保高差的准确性,在 A、B 的中点用变动仪器高法,两次测定 A、B 的高差,若两次高差之差不大于 3 毫米,则取平均值作为正确的高差 h_{AB}。

(2)将水准仪搬至距离 B 点约 2 米的 D 点处,精平后读取 B 点尺读数 b_2。因为仪器离 B 点很近,i 角误差引起的读数偏差可忽略不计,即认为 $b_2 = b_2'$,因此根据 b_2 和高差 h_{AB} 算出 A 点尺上水平视线的读数为

$$a_2' = b_2 + h_{AB}$$

然后,精平并读取 A 点尺读数 a_2。如果 $a_2' = a_2$,说明两轴平行。否则,存在 i 角,其值为

$$i = \frac{a_2 - a_2'}{D_{AB}} \rho$$

DS_3 水准仪 i 角大于 $20''$ 时,需要进行校正。

校正:转动微倾螺旋,使十字丝的横丝对准 A 点尺上读数 a_2',此时视准轴处于水平位置,而水准管气泡不再居中,用校正针先拨松水准管左、右端校正螺丝(见图 2-10),再拨动上、下两个校正螺丝,使偏离的气泡重新居中,最后将校正的螺丝旋紧。此项校正工作应反复进行,直至达到要求为止。

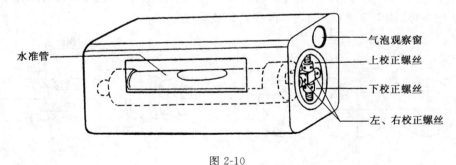

水准管

气泡观察窗
上校正螺丝
下校正螺丝
左、右校正螺丝

图 2-10

五、技术要求

DS_3 水准仪的 i 角不应大于 $20''$,否则应进行水准管轴的校正。

六、注意事项

1. 各检验与校正项目应按本实验方法步骤的顺序进行,不可任意颠倒。

2. 拨动校正螺丝,一律先松后紧,一松一紧,用力不宜过大。校正完毕时,校正螺丝不能松动,应处于稍紧状态。

3. 实验时应细心操作,及时填写检验与校正记录表格。

4. 检验与校正要反复进行,直至符合要求为止。实验时,每项检验至少进行两次。

七、实验报告

每组上交水准仪检验与校正记录表(表 2-4-1)。

八、练习题

1. 在下图上标出水准仪的主要轴线。

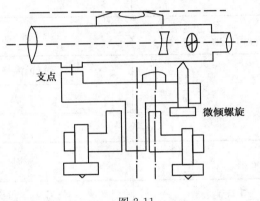

图 2-11

2. 水准仪的主要轴线有 _____、_____、_____、_____。水准仪应满足的几何条件为 _____、_____、_____。

3. 经校正后仪器的残余误差对高差的影响在观测中可采用 _____的方法消除。

表 2-4-1　水准仪检验与校正记录表

日期_____年_____月_____日　天　气_____　　　　　观测者_____

仪器型号_____　　　　　　　　　　　　　　　　　记录者_____

（1）一般检查

仪器外表有无损伤，脚架是否牢固	
仪器转动是否灵活，螺旋是否有效	
光学系统有无霉点	

（2）圆水准器轴平行于仪器竖轴

转 180°检验次数	气泡偏离数（mm）

（3）十字丝横丝垂直于仪器竖轴

检　验　次　数	固定点偏离横丝是否显著

（4）水准管轴平行于视准轴

仪器在中点求正确高差			仪器在 B 点旁检验校正		
第一次	A 点尺上读数 a_1		第一次	B 点尺上读数 b_2	
	B 点尺上读数 b_1			A 点尺上应读数 $a'_2 = b_2 + h_{AB}$	
	$h_1 = a_1 - b_1$			A 点尺上实际读数 a_2	
第二次	A 点尺上读数 a'_1			$i = \dfrac{a_2 - a'_2}{D_{AB}} \rho$	
	B 点尺上读数 b'_1		第二次	B 点尺上读数 b_2	
	$h'_1 = a'_1 - b'_1$			A 点尺上应读数 $a'_2 = b_2 + h_{AB}$	
平均	平均高差 $h_{AB} = 1/2(h_1 + h'_1)$			A 点尺上实际读数 a_2	
				$i = \dfrac{a_2 - a'_2}{D_{AB}} \rho$	

实验五　电子水准仪的认识与使用

一、实验目的

1. 了解电子水准仪的构造和性能。
2. 熟悉电子水准仪的使用方法。

二、实验计划

1. 实验时数 2 学时。
2. 每实验小组由 4 人组成,4 个实验小组为一实验大组。各实验小组可轮流操作。
3. 每实验小组完成两点之间高差的观测工作。

三、实验仪器

每实验大组的实验器材为:电子水准仪 1 台,与其配套的水准尺 2 把,尺垫 2 个。

四、方法步骤

1. 电子水准仪的认识

电子水准仪又称数字水准仪,与电子水准仪配套使用的水准尺为条纹编码尺,通常由玻璃纤维或铟钢制成。在仪器中装置有行阵传感器,它可识别水准标尺上的条码分划。仪器摄入条码图像后,经处理器转变为相应的数字,再通过信号转换和数据化,在显示屏上显示出高程和视距,并能存储记录有关测量数据。

各厂家标尺编码的条码图案不完全相同,不能互换使用。如使用普通水准尺,电子水准仪可作光学水准仪使用,但精度变低。

各学校所拥有的电子水准仪数量不会很多,且型号也会不同。

各种型号的电子水准仪的外形、体积、重量、性能均有不同。尽管如此,它们都是由电源、望远镜、光电传感器、操作键、显示屏等部件所组成。

2. 电子水准仪的使用

电子水准仪的操作应在指导教师演示后进行。

在实验场地上选择两点 A、B,放上尺垫,在尺垫上立尺,在两点之间安置电子水准仪,整平圆气泡,接通电源,设置有关测量模式。

瞄准 A 尺,调焦,按相应键显示 A 尺读数 a,用同样的方法前视 B 尺,得读数 b,则可算得两点高差。

实验时对 A、B 高差观测两次。

五、技术要求

两次测定的高差相差不超过 3 毫米。

六、注意事项

1. 标尺尽量不要被障碍物(如树枝)遮挡。
2. 在足够亮度的地方架设标尺,若用照明,应照明整个标尺。
3. 测量工作完成后应注意关闭电源。

七、实验报告

每实验小组上交水准测量记录表(表 2-5-1)。

八、练习题

1. 与电子水准仪配套使用的水准尺是(　　　)。

A. 普通双面水准尺

B. 条纹编码尺

C. 因瓦水准尺

2. 电子水准仪内部(　　　)。

A. 具有红外光光源

B. 没有发光源

C. 具有激光光源

表 2-5-1 水准测量记录表

日期_____年_____月_____日　天气_____　　　　　　观测者_____

仪器_____　　　　　　　　　　　　　　　　　　　　记录者_____

测　站	目　标	后视读数 （m）	前视读数 （m）	高　差 （m）	备　注

实验六　经纬仪的认识与使用

一、实验目的

1. 了解 DJ6 光学经纬仪的基本构造及性能，认识其主要部件的名称和作用。
2. 练习 DJ6 光学经纬仪的对中、整平、瞄准、读数。
3. 学会用经纬仪观测水平角的方法、步骤以及记录计算。

二、实验计划

1. 实验时数 2～3 学时。
2. 每实验小组由 2 人组成。1 人观测，1 人记录，轮流操作及记录。
3. 每组在实验场地上选定一测站点，选择两个目标点，每人独立进行对中、整平、瞄准、读数，用测回法观测水平角。

三、实验仪器

每实验小组的实验器材为：DJ6 光学经纬仪 1～2 台，标杆 2～4 根，标杆架 2～4 个。

四、方法步骤

1. DJ6 光学经纬仪的认识

DJ6 光学经纬仪由基座、水平度盘和照准部三部分组成。如图 2-12 所示为 DJ6 光学经纬仪的外形示意图，图 2-13 为 DJ6 光学经纬仪分解图。

2. 经纬仪的使用

经纬仪的使用包括对中、整平、瞄准和读数四项操作。

（1）对中

对中就是使水平度盘的中心与地面测站点的标志中心位于同一铅垂线上。对中的方法有垂球对中及光学对中两种，本实验先练习垂球对中。

首先根据观测者身高调整好三脚架腿的长度，张开后安置在测站上，使架头大致水平，高度适合于人体观测，架头中心初步对准地面点位。然后从仪器箱中取出经纬仪放在三脚架架头上，旋紧连接螺旋，挂上垂球，使垂球尖接近地面点位，挂钩上的垂线应打活结，便于随时调整长度。如果垂球中心离测站点较远，可平行移动三脚架使垂球大致对准点位，并用力将脚架踩入土中。如果还有较小的偏离，可将仪器大致整平，稍松连接螺旋，用双手扶住仪器基座，在架头上移动仪器，使垂球尖精确对准测站点后，再将连接螺旋旋紧。如图 2-14 所示，用垂球对中的误差一般应小于 3 毫米。

（2）整平

整平的目的是使仪器的竖轴处于铅垂方向。整平的方法为：

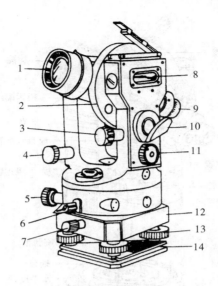

图 2-12　DJ6 光学经纬仪外形示意图

1. 物镜；2. 竖直度盘；3. 竖盘指标水准管微动螺旋；4. 望远镜微动螺旋；5. 水平微动螺旋；6. 水平制动螺旋；

7. 轴座固定螺旋；8. 竖盘指标水准管；9. 目镜；10. 反光镜；11. 测微轮；12. 基座；13. 脚螺旋；14. 连接板

1）转动仪器照准部，使照准部水准管平行于任意两个脚螺旋的连线，如图 2-15（a）所示，用双手同时向内或向外等量转动两个与照准部水准管平行的脚螺旋使气泡居中，气泡移动的方向与左手大拇指移动的方向一致。

2）将照准部转动 90°，如图 2-15（b）所示，使照准部水准管垂直于原来两个脚螺旋的连线，调整第三只脚螺旋使水准管气泡居中。

整平一般需要反复进行几次，直至照准部转到任何位置水准管气泡都居中。在观测水平角过程中，可允许气泡偏离中心位置不超过 1 格。

（3）瞄准

瞄准的操作步骤为：

1）松开仪器水平制动螺旋和望远镜制动螺旋，将望远镜对向明亮背景，转动目镜调焦螺旋，使十字丝最为清晰。

2）用望远镜上方的粗瞄准器对准目标，然后拧紧水平制动螺旋和望远镜制动螺旋。

3）转动物镜调焦螺旋，使目标成像清晰。

4）转动水平微动螺旋和望远镜微动螺旋，使十字丝交点对准目标点，并注意消除视差。观测水平角时，将目标影像夹在双纵丝内且与双纵丝对称，或用单纵丝平分目标，如图 2-16（a）所示。观测垂直角时，应使用十字丝中丝与目标顶部相切，如图 2-16（b）所示。

（4）读数

打开反光镜，并调整其位置，使进光明亮均匀，然后进行读数显微镜调焦，使读数窗分划清晰，并消除视差。

图 2-17 是读数显微镜的视场，视场内有 2 个读数窗，标有"H"字样的读数窗内是水平度盘分划线及其分微尺的像，标有"V"字样的读数窗所示的是垂直度盘的分划线及其分微尺的像。某些型号的仪器也可能用"水平"表示水平度盘读数窗，用"竖直"表示垂直

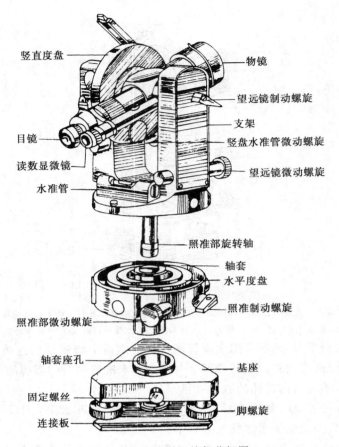

图 2-13　DJ6 光学经纬仪分解图

竖直度盘 — **物镜**
望远镜制动螺旋
支架
竖盘水准管微动螺旋
目镜 — **望远镜微动螺旋**
读数显微镜
水准管
照准部旋转轴
轴套
水平度盘
照准制动螺旋
照准部微动螺旋
轴套座孔 — **基座**
固定螺丝
脚螺旋
连接板

度盘读数窗。读数方法如下:先读取位于分微尺 0~60 条分划之间的度盘分划线的"度"数,再从分微尺上读取该度盘分划线对应的"分"数,估读至 $0.1'$。图 2-17 中的水平度盘读数为 $129°02'42''(129°2.7')$,垂直度盘读数为 $85°57'30''(85°57.5')$。

3. 角度测量练习

在实验场地上,选定一点,做好标记,作为测站点。另选择 A、B 两点,在该两点上竖立标杆,作为目标点。

在测站点安置经纬仪,对中后整平。

(1)观测

1)盘左瞄准左目标 A,固定照准部,转动度盘变换手轮,使水平度盘读数略大于零,读取水平度盘读数 $a_左$。

2)松开水平制动螺旋,顺时针旋转照准部,瞄准右目标 B,读取水平度盘读数 $b_左$。

3)倒转望远镜,盘右瞄准右目标 B,读取水平度盘读数 $b_右$。

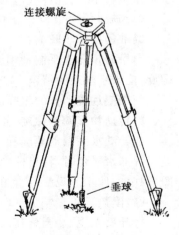

连接螺旋
垂球

图 2-14

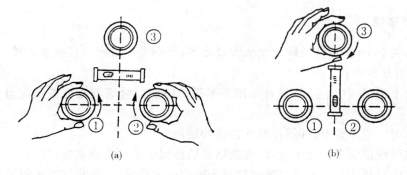

图 2-15　经纬仪整平

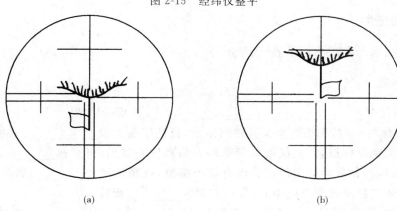

（a）　　　　　　　　　　　（b）

图 2-16　瞄准目标

4)逆时针旋转照准部,盘右瞄准左目标 A,读取水平度盘读数 $a_右$。

（2）记录

将观测数据记录在水平角观测记录表（表 2-6-1）中。

（3）计算

上半测回角值为　　$\beta_左 = b_左 - a_左$

下半测回角值为　　$\beta_右 = b_右 - a_右$

一测回角值为　　$\beta = \frac{1}{2}(\beta_左 + \beta_右)$

一人观测完成后,另一人移动脚架后,重新对中、整平,用以上同样方法观测同一角度,每人观测出一测回角值。

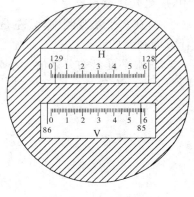

图 2-17

五、技术要求

1. 垂球对中误差小于 3 毫米。

2. 整平误差小于 1 格。

3. 测回差应小于 24″。

六、注意事项

1. 经纬仪对中时,应使三脚架架头大致水平,否则会导致经纬仪整平困难。对中时,垂球尖应接近地面点位。

2. 测完上半测回(盘左)后准备观测下半测回(盘右)时绝不能再拨动度盘变换手轮或复测器。

3. 观测时要消除视差,并尽量照准目标的底部。

4. 读数应估读到十分之一分,即观测结果的秒值应是 6 的整倍数。

5. 轴座固定螺旋和中心连接螺旋这两个螺旋一定要旋紧,防止仪器从脚架上摔落。

七、实验报告

每人上交水平角观测记录表(表 2-6-1)。

八、练习题

1. 经纬仪由_____、_____、_____三部分组成。

2. 用垂球对中时,先将脚架安置在测站上,目估架头大致_____,并使架头中心初步对准地面测站标桩,安上仪器后若垂球尖偏离桩心较远,可平移_____,使垂球尖大致对准桩心,如果垂球尖静止后尚有较小偏离,可稍松动_____螺旋,细微移动_____使之精确对准点位中心,最后拧紧_____螺旋。

3. 仪器整平时,先使照准部水准管平行于_____,用_____拇指旋转方向一致的法则使水准气泡居中,然后将照准部转动_____,再转动_____使气泡居中,反复几次就可整平。

4. 在水平角观测中,盘左是按_____时针方向观测的,盘右是按_____时针方向观测的。

5. 水平度盘的分划值大小为_____,分微尺每小格的值是_____。

表 2-6-1 水平角观测记录表

日期_____年_____月_____日　　天气_____　　　　　　观测者_____

仪器号码_____　　　　　　　　　　　　　　　　　　　　记录者_____

测　站	目　标	竖盘位置	水平度盘读数 ° ′ ″	半测回角值 ° ′ ″	一测回角值 ° ′ ″	备　注
		左				
		右				
		左				
		右				
		左				
		右				
		左				
		右				
		左				
		右				

实验七　测回法观测水平角

一、实验目的

掌握用测回法观测水平角的观测、记录和计算方法。

二、实验计划

1. 实验时数 2～3 学时。
2. 每实验小组由 2 人组成。1 人观测,1 人记录,轮流操作及记录。
3. 每组在实验场地上选定 4 个测站点,组成四边形,用测回法一测回观测出 4 个内角。

三、实验仪器

每实验小组的实验器材为:DJ6 光学经纬仪 1～2 台,标杆 2 根,标杆架 2 个。

四、方法步骤

在实验场地上选定 4 个点,组成四边形,各点相距 30～100 米,做好标记。在一对角的两点上竖立标杆,在另一对角的两点上安置经纬仪观测水平角。如一个小组有两台经纬仪,可两角同时观测;如只有一台经纬仪,则先测一角,再测另一角。

两对角都观测完成后,经纬仪与标杆位置互换,测出另一对角的水平角值。

每角用测回法观测一测回。

4 个内角全部观测完成后,计算角度闭合差 $f_\beta = \beta_1 + \beta_2 + \beta_3 + \beta_4 - 360°$,如角度闭合差小于等于容许闭合差 $f_{\beta容}$,则成果合格,否则需重测。

五、技术要求

1. 半测回差应小于 $40''$。
2. 角度容许闭合差 $f_{\beta容} = \pm 60'' \sqrt{n}$,$n$ 为测站数。

六、注意事项

1. 用垂球对中,对中误差不超过 3 毫米。
2. 观测过程中,照准部水准管气泡偏离中心不超过 1 格,否则,重新整平,并重测该测回。
3. 树立花杆时要从两个互相垂直的方向目测花杆是否竖直。
4. 观测时要消除视差,并尽量照准目标的底部。
5. 每角度度盘起始位置都从 0°开始(可比 $0°00'00''$ 稍大 $1'～2'$)。

6. 角度计算时总是右方目标读数减去左方目标读数,若右方目标读数小于左方目标读数,则应先将右方目标读数加上 360°再计算角值。

七、实验报告

每组上交水平角观测记录表(表 2-7-1)。

八、练习题

1. 用盘左、盘右观测水平角,能消除_____、_____、_____三项误差。

2. 观测水平角时,应尽量照准标杆底部的目的是(　　)。

A. 减少目标偏心差

B. 减少照准误差

C. 减少视准轴误差

表 2-7-1 水平角观测记录表

日期 _____ 年 _____ 月 _____ 日　　天气 _____　　　　　　　　观测者 _____

仪器号码 _____　　　　　　　　　　　　　　　　　　　　记录者 _____

测　站	目　标	竖盘位置	水平度盘读数 ° ′ ″	半测回角值 ° ′ ″	一测回角值 ° ′ ″	备　注
		左				
		右				
		左				
		右				
		左				
		右				
		左				
		右				
		左				
		右				

实验八　全圆方向法观测水平角

一、实验目的

1. 掌握全圆方向法观测水平角的观测、记录及计算方法。
2. 掌握不同测回水平角观测的度盘起始位置的设置方法。

二、实验计划

1. 实验时数 2 学时。
2. 每实验小组由 4 人组成。1 人观测，1 人记录计算，轮流进行。
3. 每组在实验场地选定一测站点，设置 4 个目标点，每人独立用全圆方向法观测水平角一个测回。

三、实验仪器

每实验小组的实验器材为：DJ6 光学经纬仪 1～2 台，标杆 4～8 根，标杆架 4～8 个。

四、方法步骤

全圆方向法是在一个测站观测 3 个以上目标的水平角的观测方法。

在实验场地选定一测站点 O，选择 A、B、C、D 4 个目标点，并在 A、B、C、D 点上竖立标杆。

1. 度盘起始位置的设置

为了提高测量精度，往往需对某角度观测多个测回。为了减少度盘的刻划误差，各测回起始方向的度盘读数应均匀变换，其预定值可按下式计算：

$$\delta = (i-1)\frac{180°}{n}$$

式中：n 为总测回数，$i=1,2,\cdots,n$ 为测回顺序数。显然，不论 n 为几，第一个测回预定值总是 $0°$。若 $n=2$，则第二个测回的预定值为 $90°$。

2. 观测

(1)将经纬仪安置于测站点 O，对中、整平。

(2)选择视线条件好，成像清晰、稳定的目标点作为零方向，这里假设选择 A 点为零方向。

(3)盘左观测顺序：瞄准起始方向 A，将度盘起始位置设置在预定位置，读取读数 a_1，顺时针方向依次瞄准目标 B、C、D，得读数 b_1、c_1、d_1，再转回至起始方向 A，得读数 a_1'。

(4)盘右观测顺序：瞄准起始方向，得读数 a_2，逆时针方向依次瞄准 D、C、B、A，得读数 d_2、c_2、b_2、a_2'。

3. 记录

依次将各观测数据记录在全圆方向法观测记录表(表 2-8-1)中。

4．计算

（1）两倍视准轴误差 2C 的计算

设同一方向盘左读数为 L，盘右读数为 R，则

$$2C = L - (R \pm 180°)$$

（2）平均读数的计算

取每一方向盘左读数与盘右读数 $\pm 180°$ 的平均值，作为该方向的平均读数，即：

$$平均读数 = \frac{1}{2}[L + (R \pm 180°)]$$

由于归零，起始方向有两个平均读数，应再取其平均值，作为起始方向的平均读数。

（3）归零方向值的计算

将零方向的平均读数化为 $0°00'00''$，而其他各目标的平均读数都减去零方向的平均读数，得到各方向的归零方向值，即：

$$归零方向值 = 平均读数 - 起始方向平均读数$$

（4）各测回平均方向值的计算

将各测回同一方向的归零方向值相加并除以测回数，即得该方向各测回平均方向值。

五、技术要求

1．半测回归零差应小于 $18''$。

2．同一方向各测回互差应小于 $24''$。

六、注意事项

1．应选择远近适中、易于瞄准、成像清晰的目标作为起始方向（零方向）。

2．每人应独立观测一个测回，测回间应变换水平度盘起始位置。

3．各次观测时应照准目标的相同部位。

4．各测回中，水平度盘起始位置设定后，不得碰动度盘变换手轮。

七、实验报告

每人上交全圆方向法观测记录表（表 2-8-1）。

八、练习题

1．采用变换度盘位置多测回观测水平角，可以提高＿＿＿＿＿＿＿，消除＿＿＿＿＿＿＿＿＿＿＿＿＿＿＿＿＿＿＿＿＿＿＿＿＿＿＿＿。

2．判断下列说法是否正确。

A．全圆方向法不属于测回法的范畴。（　　　）

B．全圆方向法观测水平角时，若半测回归零差超限，则说明仪器的基座或三脚架、度盘在观测过程中可能有变动。（　　　）

C．同一方向盘左与盘右的读数之差称 2C 值，它主要反映了两倍的照准部偏心差。（　　　）

D．有照准部偏心差时，其大小随观测方向的变化而变化。（　　　）

表 2-8-1 全圆方向法观测水平角记录表

日期 _____ 年 _____ 月 _____ 日　天气 _____　　　　　观测者 _____

仪器号码 _____　　　　　　　　　　　　　　　　　　　记录者 _____

测站	测回	目标	水平度盘读数		2C ″	平均读数 ° ′ ″	归零方向值 ° ′ ″	各测回归零方向值的平均值 ° ′ ″	角 值 ° ′ ″
			盘　左 ° ′ ″	盘　右 ° ′ ″					

实验九　竖直角观测

一、实验目的

1. 熟悉经纬仪竖直度盘的构造。
2. 掌握竖直角的观测、记录、计算方法。

二、实验计划

1. 实验时数 2 学时。
2. 每实验小组由 4 人组成。1 人观测,1 人记录计算,轮流进行。
3. 每人观测 2 个竖直角,每角观测 2 个测回。

三、实验仪器

每实验小组的实验器材为:DJ6 光学经纬仪 1～2 台。

四、方法步骤

1. 竖直度盘的构造

经纬仪上的竖直度盘安装在横轴的一端,其刻划中心与横轴的旋转中心重合,竖直度盘的刻划面与横轴垂直。图 2-18 是 DJ6 光学经纬仪的竖直度盘结构示意图。它的主要部件包括:竖直度盘、竖直度盘指标(读数窗内的零分划线)、竖直度盘指标水准管和竖直度盘指标水准管微动螺旋。

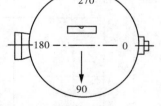

图 2-18

当望远镜在竖直面内上下转动时,竖直度盘也随之转动,而用来读取竖直度盘读数的指标,并不随望远镜转动,因此可以读出不同的竖直度盘读数。

竖直度盘指标与竖直度盘指标水准管连接在一个微动架上,转动竖直度盘指标水准管微动螺旋,可以改变竖直度盘分划线影像与指标线之间的相对位置。在观测竖直角时,每次读取竖直度盘读数之前,都应先调节竖直度盘指标水准管的微动螺旋,使竖直度盘指标水准管气泡居中。

另有一些型号的经纬仪,其竖直度盘指标装有自动补偿装置,能自动归零,因而可直接读数。

光学经纬仪的竖直度盘是一个玻璃圆盘,DJ6 光学经纬仪通常采用 0°～360°顺时针方向注记。当望远镜视线水平且指标水准管气泡居中或自动补偿器归零时,盘左位置竖直度盘读数应为 90°,盘右位置竖直度盘读数应为 270°,否则其差值即为指标差。

2. 竖直角的观测

在实验场地上选定一点,作为测站点,安置经纬仪,并对中、整平。选择远处一明显标志点作为目标。

(1)观测

盘左用经纬仪横丝瞄准目标，使竖盘水准管气泡居中，设得读数为 L。盘右瞄准目标，竖盘水准管气泡居中后，得读数 R。

(2)记录

将盘左读数 L 及盘右读数 R 记录在竖直角观测记录表(表 2-9-1)中。

(3)计算

1)半测回角计算

盘左竖直角：$\alpha_左=90°-L$

盘右竖直角：$\alpha_右=R-270°$

2)指标差计算

$$x=\frac{1}{2}(L+R-360°)$$

3)一测回角计算

$$\alpha=\frac{1}{2}(\alpha_左+\alpha_右)$$

4)各测回平均角值计算

取各个测回观测角值的平均值。

3. 一人观测完成后，另外人依次轮流观测，可选择不同目标。每人观测 2 个竖直角，每角观测 2 个测回。

五、技术要求

1. 各测回指标差互差应小于 $25''$。
2. 竖直角测回差应小于 $25''$。

六、注意事项

1. 盘左、盘右瞄准时，应用横丝对准目标同一位置。
2. 每次读数前，应使竖盘水准管气泡居中。
3. 计算竖直角及指标差时，应注意正、负号。

七、实验报告

每人上交竖直角观测记录表(表 2-9-1)。

八、练习题

1. 指标差是(   )。

A. 仪器本身的误差   B. 观测误差   C. 对水平角有影响的

2. 盘左、盘右计算竖直角的公式分别为_____、_____。

表 2-9-1　竖直角观测记录表

日期_____年_____月_____日　天气_____　　　　　　　观测者_____

仪器号码_____　　　　　　　　　　　　　　　　　　　　记录者_____

测　站	目　标	竖直度盘位置	竖直度盘读数 。　′　″	半测回竖直角 。　′　″	指标差 ″	一测回竖直角 。　′　″

实验十　经纬仪的检验与校正

一、实验目的

1. 掌握经纬仪的主要轴线及它们之间应满足的条件。
2. 熟悉 DJ6 光学经纬仪的检验与校正方法。

二、实验计划

1. 实验时数 2 学时。
2. 每实验小组由 4 人组成。
3. 每组完成 1～2 台 DJ6 光学经纬仪的检验与校正工作。

三、实验仪器

每实验小组的实验器材为:DJ6 光学经纬仪 1～2 台,校正针 1～2 根,小螺丝刀 1～2 把。

四、方法步骤

1. 一般检查

安置仪器后,首先检查以下方面:三脚架是否牢固,仪器外表有无损伤,仪器转动是否灵活,螺旋是否有效,光学系统是否清晰、有无霉点等。

2. 照准部水准管轴的检验与校正

检校目的:使照准部水准管轴垂直于仪器竖轴。

检验方法:先将仪器大致整平,然后转动照准部使水准管平行于一对脚螺旋的连线,调节这一对脚螺旋使水准管气泡居中。将照准部旋转 180°,如果水准管气泡仍居中,说明水准管轴垂直于仪器竖轴,否则,必须进行校正。

校正方法:用双手相对地旋转与水准管平行的一对脚螺旋,使气泡退回偏离值的一半,此时仪器竖轴处于铅垂位置,再用校正针拨动水准管一端的校正螺丝,使水准管气泡居中。此项检验与校正应反复进行。

3. 望远镜十字丝的检验与校正

检校目的:使十字丝纵丝在仪器整平后处于铅垂位置。

检验方法:架设好仪器并整平,用望远镜十字丝交点瞄准远处一明显标志点 P,转动望远镜微动螺旋,观察目标点,如 P 点始终沿着纵丝上下移动没有偏离十字丝纵丝,说明十字丝位置正确。如果 P 点偏离十字丝纵丝,说明十字丝纵丝不铅直,须进行校正。

校正方法:卸下目镜处的外罩,松开四颗十字丝固定螺丝,转动整个十字丝环,直到 P 点与十字丝纵丝严密重合,然后对称地、逐步地拧紧四颗十字丝固定螺丝。

4. 视准轴的检验与校正

检校目的:使望远镜的视准轴垂直于横轴。

检验方法:安置好仪器后,用盘左位置使望远镜照准一个与仪器大致同高的目标,读得水平度盘读数 a_1,然后用盘右位置再照准该目标,得水平度盘读数 a_2,则视准轴误差 $c = \frac{1}{2}[a_1 - (a_2 \pm 180°)]$,若 $c \leqslant \pm 60''$,则满足条件,否则需要校正。

校正方法:旋转照准部微动螺旋,使盘右时的水平度盘读数为 $a' = \frac{1}{2}(a_1 + a_2 \pm 180°)$,此时,十字丝交点一定偏离目标,校正时拨动十字丝分划板的校正螺丝,使之一松一紧,直到十字丝交点对准上述目标为止。

5. 横轴垂直于竖轴的检验与校正

检校目的:使横轴垂直于仪器竖轴。

检验方法:在距建筑物 10~20 米处安置仪器,在建筑物上选择一点 M,使视线仰角大于 30°,先由盘左照准 M 点并将视线放到大致水平,在墙上标出 m_1 点,然后用盘右仍照准 M 点,同样将视线放至水平,在墙上标出 m_2 点,若 m_1 与 m_2 不重合,则需要校正。

校正方法:将望远镜瞄准 m_1 和 m_2 的中点 m,然后抬高望远镜在 M 点附近得 M',拨动横轴校正螺丝,使十字丝交点由 M' 移至 M 点即可。此项校正一般由专业修理人员进行。

6. 垂直度盘指标差的检验与校正

检校目的:消除垂直度盘指标差。

检验方法:仪器整平后,盘左、盘右分别用横丝瞄准高处一目标,在垂直度盘指标水准管气泡居中时读取盘左读数 L 和盘右读数 R。根据指标差计算公式计算出指标差 x,如果指标差 $\leqslant \pm 60''$,则不必校正,如果超出限差要求,则须进行校正。

校正方法:原盘右照准目标不动,调节垂直度盘水准管微动螺旋,使垂直度盘读数为 $R' = R + x$,此时,垂直度盘指标水准器气泡偏离中心位置,拧下指标水准器校正螺丝护盖,用校正针调整上、下两颗校正螺丝使气泡居中。此项检校需反复进行,直至指标差符合限差要求为止。

五、技术要求

1. 视准轴误差应小于 60″。
2. 指标差应小于 60″。

六、注意事项

1. 各检验与校正项目应按本实验方法步骤的顺序进行,不可任意颠倒。
2. 校正时,校正螺丝一律先松后紧,一松一紧,用力不宜过大,校正完毕时,校正螺丝不能松动,应处于稍紧状态。
3. 检验与校正要反复进行,直至符合要求为止。实验时,每项检验至少进行两次。

七、实验报告

每组上交经纬仪检验与校正记录表(表 2-10-1)。

八、练习题

1. 在图 2-19 上标出经纬仪的主要轴线。

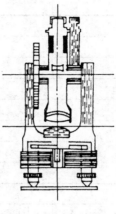

图 2-19

2. 经纬仪的主要轴线有_____、_____、_____、_____。它们之间的关系是_____、_____、_____。

3. 在某一时刻,对于同一台经纬仪,各次观测的指标差的大小大致上_____。

表 2-10-1 经纬仪检验与校正记录表

日期_____年_____月_____日 天气_____ 观测者_____

仪器号码_____ 记录者_____

1. 一般检查	
仪器外表有无损伤,脚架是否牢固	
仪器转动是否灵活,螺旋是否有效	
光学系统有无霉点	

2. 水准管轴垂直于竖轴

检验次数			
气泡偏离格数			

3. 十字丝纵丝垂直于横轴

检验次数	误　差　是　否　显　著

4. 视准轴垂直于横轴

第一次检验	目标	水平度盘读数	第二次检验	目标	水平度盘读数
		a_1(盘左)=			a_1(盘左)=
		a_2(盘右)=			a_2(盘右)=
		$c=\frac{1}{2}[a_1-(a_2\pm180°)]=$			$c=\frac{1}{2}[a_1-(a_2\pm180°)]=$
		$a=\frac{1}{2}[a_1+(a_2\pm180°)]=$			$a=\frac{1}{2}[a_1+(a_2\pm180°)]=$

5. 横轴垂直于竖轴

检验次数	m_1 和 m_2 两点间距离	备　注

6. 竖盘指标差的检验与校正

检验次数	目　标	竖盘位置	竖盘读数 ° ′ ″	指标差 ′ ″	盘右正确竖盘读数 ° ′ ″	备　注

实验十一　DJ2 光学经纬仪的认识与使用

一、实验目的

1. 了解 DJ2 光学经纬仪的基本构造及主要部件的名称和作用。
2. 掌握光学对中方法。
3. 熟悉 DJ2 光学经纬仪的操作方法及读数方法。

二、实验计划

1. 实验时数 2 学时。
2. 每实验小组由 4 人组成。1 人观测,1 人记录,轮流操作及记录。
3. 每人用 DJ2 光学经纬仪一测回观测 1 个水平角。

三、实验仪器

每实验小组的实验器材为:DJ2 光学经纬仪 1~2 台,小标杆 2~4 根及小标杆架 2~4 个。

四、方法步骤

1. DJ2 光学经纬仪的认识

DJ2 光学经纬仪的外形示意图如图 2-20 所示。

2. DJ2 光学经纬仪的使用

(1)对中、整平

DJ2 光学经纬仪一般使用光学对中器对中。

光学对中应与仪器整平同时进行。

光学对中的方法为:

1)将仪器安置在三脚架架头上,调节光学对中器目镜,使视场中的分划圆清晰,再拉动整个对中器镜筒进行调焦,使地面标志点的影像清晰。此时,如果测站点偏离光学对中器中心圆较远,可根据地形安置好三脚架一条腿,两手分别持其他两条腿,眼对光学对中器目镜观察,移动这两条腿使对中器的分划板小圆圈对准标志为止,用脚把三条腿踩稳。转动脚螺旋,使小圆圈中心对准标志。

2)伸缩脚架支腿使圆气泡居中。

3)观察对中器分划板小圆圈中心是否与测站点对准,如果尚未对准,稍松仪器连接螺旋,在架头上移动仪器,使对中器分划板小圆圈中心精确对准测站点,旋紧连接螺旋。

4)转动脚螺旋精确整平仪器。

5)再检查一下是否精确对中,如有偏离可重复 3)、4)步骤,直到对中器分划板小圆圈

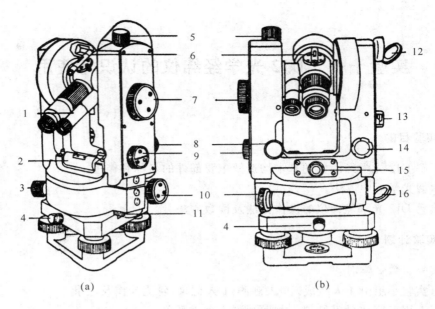

图 2-20　DJ2 光学经纬仪外形示意图

1. 读数显微镜；2. 照准部水准管；3. 水平制动螺旋；4. 轴座固定螺旋；5. 望远镜制动螺旋；6. 瞄准器；7. 测微轮；8. 望远镜微动螺旋；9. 换像手轮；10. 水平微动螺旋；11. 水平度盘读数变换轮；12. 竖盘照明反光镜；13. 竖盘水准管；14. 竖盘水准管微动螺旋；15. 光学对中器；16. 水平度盘照明反光镜

中心对准测站点并整平为止。

（2）瞄准

DJ2 光学经纬仪的瞄准方法与 DJ6 光学经纬仪相同。

（3）读数

DJ2 光学经纬仪的读数特点有二：一是使用测微轮读数；二是使用换像手轮。测微器的最小刻划为 $1''$，可估读至 $0.1''$。换像手轮可使读数窗显示水平度盘读数刻划或者竖直度盘读数刻划。

不同厂家生产的 DJ2 光学经纬仪，读数方法一般也有差异，但仪器的光路基本相同。DJ2 光学经纬仪在仪器的光路上设置固定光楔组和活动光楔组，活动光楔与测微分划相连，入射光经过一系列棱镜、透镜后，将度盘直径两端刻划的像同时反映到读数显微镜内，使度盘上处于对径位置的分划线，成像在同一个平面上，并被横线隔开分成正像和倒像。转动测微器，度盘两端分划影像可做等距反向移动。

DJ2 光学经纬仪的读数方法如下：

1）转动换像手轮。如要读取水平度盘读数，则使换像手轮上的线条水平；如要读取竖直度盘读数，则使线条竖直。

2）调节读数显微镜目镜，使读数窗影像清晰。

3）转动测微轮，使度盘对径分划上、下严格对齐。

4）读取度盘读数及测微轮读数。

如图 2-21 是 DJ2 仪器的读数视场，视场中的大窗口为度盘对径刻线的影像，横线为对径符合线，符合线上方数字正置的为主像，下方数字倒置的为副像；小窗口为测微分划尺的影像。转动测微手轮,可以看到小窗口测微尺的像向上或向下移动,同时大窗口主、副像刻划线相对反向移动。移动测微手轮,使主、副像分划线重合,找出主像与副像注字相差180°的分划线(主像分划线在左,副像分划线在右),读取主像注记的度数,并将该两分划线之间的度盘分划数乘以度盘分划格值的一半(10′),得到整十分数,不足10′的分、秒数在小窗中的测微分划尺上读取。如图2-21(a)的读数为154°02′06″.5,图2-21(b)的读数为92°54′28″.7。

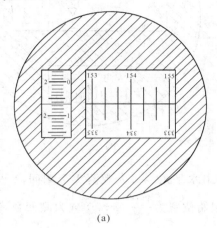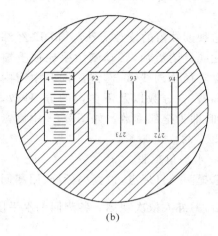

(a)   (b)

图 2-21　DJ2 型经纬仪读数

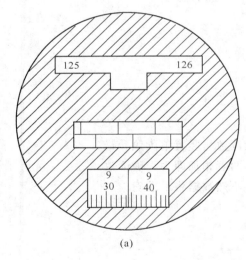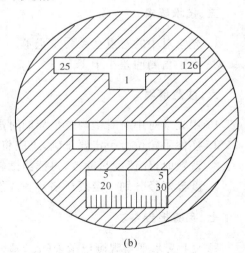

(a)   (b)

图 2-22　TDJ2 型光学经纬仪读数

　　图2-22是TDJ2型光学经纬仪的读数视场。图2-22(a)是分划线未符合前视场。图2-22(b)是分划线已符合视场。它与DJ2经纬仪的测微装置、度盘对径分划符合和读数方法基本一样,所不同的是在读数窗指标面上增加一框型标记和一排0至5的注记。框型标记正好框住0′、10′、20′、30′、40′、50′的注记。读数时只需转动测微手轮,使中部小窗(符合窗)对径分划线符合,标框会自然框住某整10′数,这种"半数字化"的设计可以避免读数差错,而且比较方便。如图2-22(b)对径分划线已重合,其读数为:数字窗(上窗)读

数是 126°10′,秒盘窗（下窗）读数为 5′23″.0,两数相加可得总的读数为 126°15′23″.0。

近年来也有某些其他型号的 DJ2 型经纬
仪采用如图 2-23 所示的读数窗:图中上窗为
度盘对径分划的影像,没有注记;中窗为度盘
分划的度数,下面有一个三角形的指标,指示
整 10 分的读数;下窗为测微器上的分数和
秒数。

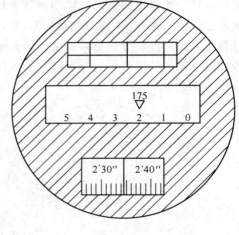

这种读数窗的读数方法与 TDJ2 经纬仪
基本相同。读数前,转动测微手轮使上窗内
的度盘对径分划线重合,然后读取中窗内的
度数和整 10 分数以及下窗内的分、秒数,两
者相加,即为全部读数。如图 2-23 中度盘读
数为 175°22′34″.4。

图 2-23

3. 水平角观测

选择两个目标点,设置小标杆,用测回法测出水平角。每人观测 1 个测回,1 人观测
完成后,另外人依次观测。各测回的水平度盘起始位置为 $\frac{180°}{n}(i-1)$,n 为测回数,i 为第
i 测回。

五、技术要求

1. 光学对中的对点精度为 1 毫米。

2. 水平角测回差小于 12″。

六、注意事项

1. 用光学对中时对中与整平应同时进行。

2. 换像手轮位置一定要正确,不应将水平角读数与竖直角读数弄错。

3. 读数时,先读度盘读数,再读测微轮读数,两者相加即为正确读数。

4. 度盘对径分划一定要严格对齐才能读数,不然数据将不准确。

七、实验报告

每人上交水平角观测记录表(表 2-11-1)。

八、练习题

1. DJ2 光学经纬仪测微轮的最小分划为_____。

2. DJ2 光学经纬仪的读数方法与 DJ6 光学经纬仪是否相同,为什么?

表 2-11-1 水平角观测记录表

日期_____年_____月_____日   天气_____   观测者_____

仪器号码_____   记录者_____

测 站	目 标	竖盘位置	水平度盘读数 。　′　″	半测回角值 。　′　″	一测回角值 。　′　″	备 注
		左				
		右				
		左				
		右				
		左				
		右				
		左				
		右				
		左				
		右				

实验十二 电子经纬仪的认识与使用

一、实验目的

1. 了解电子经纬仪的构造和性能。
2. 熟悉电子经纬仪的使用方法。

二、实验计划

1. 实验时数 2 学时。
2. 每实验小组由 4 人组成。
3. 每人完成一个水平角的测量工作。

三、实验仪器

每实验小组的实验器材为:电子经纬仪 1 台,标杆 2 根,标杆架 2 个。

四、方法步骤

1. 电子经纬仪的认识

电子经纬仪与光学经纬仪一样是由照准部、基座、水平度盘等部件组成,所不同的是电子经纬仪采用光栅度盘,读数方式为电子显示。

电子经纬仪上有功能操作键及电源,还配有数据通信接口,可与测距仪组成电子速测仪。

电子经纬仪有许多型号,其外形、体积、重量、性能各不相同。本实验应在指导教师演示后进行操作。

2. 电子经纬仪的使用

在实验场地上选择一点 O,作为测站,另选两点 A、B,在 A、B 上竖立标杆。

将电子经纬仪安置于 O 点,对中、整平。

打开电源开关,进行自检,纵转望远镜,设置垂直度盘指标。

盘左瞄准左目标 A,按置零键,使水平度盘读数显示为 $0°00'00''$,顺时针旋转照准部,瞄准右目标 B,读取显示读数。

同法可进行盘右观测。

如要测竖直角,可在读取水平度盘读数时同时读取竖盘的显示读数。

一人观测完成后,其他人依次轮流操作,观测同一水平角。

五、技术要求

1. 采用光学对中,对中误差应小于 1 毫米。

2. 整平误差应小于 1 格。

3. 对同一角度的各次观测,测回差应小于 24″。

六、注意事项

1. 装卸电池时,必须关闭电源开关。

2. 观测前,应先进行有关初始设置。

3. 搬站时应先关机。

七、实验报告

每人上交水平角观测记录表(表 2-12-1)。

八、练习题

1. 电子经纬仪使用的度盘是(　　)。

A. 光栅度盘

B. 玻璃度盘

C. 金属度盘

2. 电子经纬仪的读数方式为(　　)。

A. 分微尺

B. 测微器

C. 电子显示

表 2-12-1 水平角观测记录表

日期_____年_____月_____日　天气_____　　　　观测者_____

仪器号码_____　　　　　　　　　　　　　　　记录者_____

测　站	目　标	竖盘位置	水平度盘读数 。　′　″	半测回角值 。　′　″	一测回角值 。　′　″	备　注
		左				
		右				
		左				
		右				
		左				
		右				
		左				
		右				
		左				
		右				

实验十三　钢尺量距和罗盘仪的使用

一、实验目的

1. 掌握钢尺量距的一般方法。
2. 了解罗盘仪的构造,学会用罗盘仪测定磁方位角。

二、实验计划

1. 实验时数 2 学时。
2. 每实验小组由 4 人组成。
3. 每组在实验场地选定两点,用钢尺量距一般方法测出两点距离,用罗盘仪测出磁方位角。

三、实验仪器

每实验小组的实验器材为:30 米钢尺 1 把,标杆 3 根,标杆架 2 个,测针 5 根,垂球 2 个,罗盘仪 1 个。

四、方法步骤

1. 在实验场地上选定相距约为 100 米的 A、B 两点,做好标记,在泥地上可插测针作标志,在水泥地上可直接画十字作标记。

在 A、B 两点各竖一根标杆。

2. 钢尺量距

钢尺量距的一般方法采用边定线边丈量的方法进行。

(1)往测

一人手持标杆立于离 A 点 30 米不到之处,另一人站立于 A 点标杆后约 1 米处,指挥手持标杆者左右移动,使此标杆与 A、B 点标杆三点处于同一直线上。

后尺手执钢尺零点端将尺零点对准 A,前尺手持尺盒携带测针向 B 方向前进,使钢尺经过直线定线点,拉紧钢尺在整尺长处插下测针。这样就完成了一个尺段的丈量。两尺手同时提尺前进,同法可依次进行其他尺段测量。最后一段不足整尺长时,可由前尺手在对准 B 点的钢尺上直接读取尾数(即余长)。

整尺长乘以整尺段数再加上余长即为往测距离。

(2)返测

用同样方法由 B 向 A 进行返测,可得返测距离。

如地面高低不平,可抬高钢尺,用垂球投点。

往、返测距离之差的绝对值与平均距离之比即为相对误差,如相对误差在容许误差之内,则可取平均值作为测线长度。若超限,则应重测。

3. 罗盘仪定向

将罗盘仪安置于 A 点,经对中、整平后旋松磁针固定螺丝放下磁针,用瞄准装置瞄准 B 点,待磁针静止后,用磁针北端(无铜丝绕的一端)在刻度盘上读数,即为 AB 的磁方位角。

同法,在 B 点可测出 BA 的磁方位角。

正、反磁方位角的互差在限差之内时,可取其平均值作为磁方位角。若超限,则应重测。

五、技术要求

1. 钢尺量距的相对误差应小于 1/3000。

2. 正、反磁方位角互差应小于 2°。

六、注意事项

1. 爱护钢尺,勿沿地面拖擦,勿使其折绕和受压,用毕擦净细心卷好。

2. 使用钢尺时,要看清零点位置,读数读至毫米位。

3. 测针要插直,若地面坚硬,可在地面上划记号。

4. 丈量时钢尺要拉平,用力均匀。抬高钢尺时,要从侧面观察是否水平。

5. 丈量时钢尺不宜全部拉出,因为尺的末端连接处在用力拉时很容易拉断,使钢尺损坏。

6. 用罗盘仪定向时,周围不应有铁器干扰。

7. 罗盘仪读数可读至 1°。

8. 罗盘仪读数读完后应固定磁针。

七、实验报告

每组上交:

1. 钢尺量距记录表(表 2-13-1)。

2. 罗盘仪测量记录表(表 2-13-2)。

八、练习题

1. 在下列几种情况中,丈量结果是偏大了还是偏小了?

A. 钢尺的实际长度大于名义长度 （　　　）

B. 定线时标杆偏左或偏右 （　　　）

C. 丈量时尺子拉得不水平 （　　　）

2. 正、反坐标方位角之间相差_____。

3. 钢尺量距的相对误差小表示量距精度_____。

表 2-13-1 钢尺量距记录表

日期_____年_____月_____日　　天气_____　　　　　　司尺员_____

钢尺号码_____　　　　　　尺长_____　　　　　　记录员_____

测　线		往　测		返　测		往一返 (m)	相对精度 往一返 / 距离平均值	平均长度 (m)	备　注
起 点	终 点	尺段数 尾　数	D_1 (m)	尺段数 尾　数	D_2 (m)				

表 2-13-2 罗盘仪测量记录表

日期_____年_____月_____日　　　　　　　　观测者_____

天气_____　　　　　　　　　　　　　　　记录者_____

测　线	磁　方　位　角		平　均　值	备　注
	正			
	反			
	正			
	反			
	正			
	反			
	正			
	反			

实验十四 视距测量

一、实验目的

1. 掌握视距测量的观测方法。
2. 掌握视距测量的计算方法。

二、实验计划

1. 实验时数 2 学时。
2. 每实验小组由 4 人组成。1 人观测,1 人记录,1 人扶尺,轮流进行。
3. 每人独立进行 2 个点的视距测量。

三、实验仪器

每实验小组的实验器材为:DJ6 光学经纬仪 1 台,视距尺 1 把,小钢卷尺 1 把。

四、方法步骤

1. 观测

(1)在实验场地上选定一点 A,作为测站点,在 A 点安置经纬仪,对中、整平。用小钢卷尺量取仪器高 i。

(2)瞄准视距尺,读取上、中、下三丝读数 u、l、v。

(3)读取竖直度盘读数。竖直角可只用望远镜盘左一个位置进行观测。

2. 记录

将观测数据记录在视距测量记录表(表 2-14-1)中。

3. 计算

测站点至待定点间的水平距离及高差为

$$D = Kn\cos^2\alpha$$

$$h = \frac{1}{2}Kn\sin 2\alpha + i - l$$

式中,K 为视距常数,$K=100$,n 为视距间隔,$n=v-u$,α 为竖直角。

各组假定测站点高程为 20 米,则待定点的高程为 $20.000+h$。

4. 一人观测完成后,另外人依次进行,每人独立测量 2 个点。

五、技术要求

1. 丈量仪高可量至 5 毫米。
2. 竖直角读至整分数。

六、注意事项

1. 视距测量前,应对经纬仪的指标差进行检验与校正,指标差应控制在 60″ 之内。

2. 立尺时视距尺应竖直。

3. 读取竖盘读数时,竖盘指标水准管气泡应居中。

4. 量取仪高时,应从地面点量至经纬仪横轴位置。

5. 由于仪器有正像及倒像,计算视距间隔 n 时,应用上、下丝中的较大的数减较小的数,使 n 为正数。

七、实验报告

每人上交视距测量记录表(表 2-14-1)。

八、练习题

1. 视距测量可测出测站点至目标点之间的_____、_____。

2. 视距测量的观测值有_____、_____、_____、_____、_____。

表 2-14-1　视距测量记录表

日期＿＿＿＿年＿＿＿＿月＿＿＿＿日　天气＿＿＿＿＿＿＿＿　　　　　　　　观测者＿＿＿＿＿＿＿＿

仪器号码＿＿＿＿＿＿＿＿＿＿　　　　　　　　　　　　　　　　　　　　　记录者＿＿＿＿＿＿＿＿

测站：　　　　　　　　测站高程：　　　　　　　　仪器高：

点号	下丝读数 上丝读数 （m）	视距间隔 （m）	中丝读数 （m）	竖盘读数 ° ′	竖直角 ° ′	水平距离 （m）	高　程 （m）

实验十五　全站仪的认识与使用(Ⅰ)

一、实验目的

1. 了解全站仪的构造和性能。
2. 熟悉全站仪的使用方法。

二、实验计划

1. 实验时数 2～3 学时。
2. 每实验小组由 4 人组成。1 人操作,1 人记录,2 人操作镜站,轮流操作及记录。
3. 每实验小组完成 1 个水平角、2 个边长、2 个高差、2 点坐标的观测。

三、实验仪器

每实验小组的实验器材为:全站仪 1 台,反光棱镜 2 个。

四、方法步骤

1. 全站仪的认识

全站仪是具有电子测角、电子测距、电子计算和数据存储功能的仪器。它本身就是一个带有各种特殊功能的进行测量数据采集和处理的电子化、一体化仪器。

各种型号的全站仪的外形、体积、重量、性能有较大差异,但主要由电子测角系统、电子测距系统、数据存储系统、数据处理系统等部分组成。

全站仪的基本测量功能主要有三种模式:角度测量模式(经纬仪模式)、距离测量模式(测距模式)、坐标测量模式(放样模式)。另外,有些全站仪还有一些特殊的测量模式,能进行各种专业测量工作。各种测量模式下均具有一定的测量功能,且各种模式之间可相互转换。

2. 全站仪的使用

全站仪为贵重测量仪器,价值数万至数十万元,各学校拥有的全站仪其型号不一定相同。本实验应在指导教师演示介绍后进行操作。

在实验场地上选择 3 点,1 点作为测站,安置全站仪;另 2 点作为镜站,安置反光棱镜。

(1)在测站安置全站仪,经对中、整平后,接通电源,进行仪器自检。纵转望远镜,设置竖直度盘指标。

(2)角度测量

瞄准左目标,在角度测量模式下,按相应键,使水平角显示为零,同时读取左目标竖盘读数;瞄准右目标,读取水平角及竖直角显示读数。

其他操作方法与光学经纬仪相同。

（3）距离测量

在距离测量模式下，输入气象数据，照准目标后，按相应测距键，即可显示斜距、平距、高差。

（4）坐标测量

量取仪器高、目标高，输入仪器中，并输入测站点的坐标、高程，照准另一已知点并输入其坐标（实验时可假定其坐标）。在坐标测量模式下，照准目标点，则可显示目标点的坐标和高程。

以上每一目标观测 2 测回。

五、技术要求

1. 方向值测回差应小于 24″。
2. 竖直角测回差应小于 25″。
3. 水平距离测回差应小于 10 毫米。

六、注意事项

1. 在指导教师演示后进行操作。
2. 严禁将照准镜头对向太阳或其他强光。
3. 折、装电源时，必须关闭电源开关。
4. 测量工作完成后应注意关机。
5. 应避开高压线、变压器等强电场干扰源，保证测量信号正确。

七、实验报告

每实验小组上交全站仪测量记录表（表 2-15-1）。

八、练习题

1. 全站仪的基本测量功能主要包括＿＿＿＿＿＿、＿＿＿＿＿＿、＿＿＿＿＿＿。
2. 全站仪测量的读数是（   ）。
   A. 在水平度盘上估读水平角的
   B. 在竖直度盘上估读竖直角的
   C. 不需瞄准目标的
   D. 由显示屏直接显示的

表 2-15-1　全站仪测量记录表

日期 ＿＿＿ 年 ＿＿＿ 月 ＿＿＿ 日　天气 ＿＿＿　仪器 ＿＿＿　观测者 ＿＿＿　记录者 ＿＿＿

测站 （仪器高） 测回	目标 （棱镜高）	竖盘 位置	水平度盘读数 ° ′ ″	方向值或角值 ° ′ ″	竖直度盘读数 ° ′ ″	竖直角 ° ′ ″	斜距 （m）	平距 （m）	高差 （m）	x 坐标 （m）	y 坐标 （m）	高程 （m）

实验十六　全站仪的认识与使用(Ⅱ)

一、实验目的

1. 了解 NTS-355 全站仪的基本构造、主要部件的名称和作用。
2. 掌握 NTS-355 全站仪的基本操作方法,熟悉键盘功能和显示符号的意义。
3. 练习和掌握全站仪测量角度、距离、高差和坐标的方法。

二、实验计划

1. 实验时数为 3～4 学时。
2. 每实验小组由 4～6 人组成。1 人操作,1 人记录,2 人操作镜站或对中杆,小组人员轮流操作。
3. 每个小组独立完成指定目标的角度、距离、高差和坐标的数据采集,并对数据进行处理,完成实验报告撰写。

三、实验仪器

每实验小组的实验器材为:NTS-355 全站仪 1 台,配套脚架 1 个,单棱镜 1 个,对中杆 1 根,记录板 1 块,钢卷尺 1 把。自备铅笔、计算器等。

四、方法步骤

全站仪是全站型电子速测仪的简称,是电子经纬仪、光电测距仪及微处理器相结合的光电仪器。本实验以南方测绘仪器公司生产的 NTS-350 系列全站仪为例,介绍全站仪的功能、原理和使用方法。NTS-355 全站仪是集测角、测距于一体的整体式全站仪,可以测量角度、距离、坐标,还可进行悬高测量、偏心测量、对边测量、距离放样、坐标放样等。仪器有内置数据采集程序和存储器,可以自动记录测量数据和坐标数据,可直接与计算机传输数据,实现内外业一体数字化测量。

本实验的实验内容有:

1. 全站仪的认识

NTS-355 全站仪基本构造和各部件的名称如图 2-24 所示。全站仪的测量模式一般有两种,一是基本测量模式,包括角度测量模式、距离测量模式和坐标测量模式;二是特殊测量模式(应用程序模式),可进行悬高测量、偏心测量、对边测量、距离放样、坐标放样、面积计算等。

全站仪测量是通过键盘来操作的,其操作面板如图 2-25 所示,其相应功能见表 2-16-1。

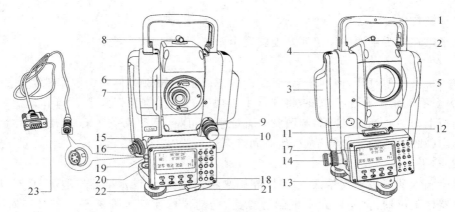

图 2-24 全站仪的结构

1.手柄;2.手柄固定螺丝;3.电池盒;4.电池盒按钮;5.物镜;6.物镜调焦螺旋;7.目镜调焦螺旋;8.瞄准器;9.望远镜制动螺旋;10.望远镜微动螺旋;11.管水准器;12.管水准器校正螺丝;13.水平制动螺旋;14.水平微动螺旋;15.光学对中器物镜调焦螺旋;16.光学对中器目镜调焦螺旋;17.显示窗;18.电源开关;19.通讯接口;20.圆水准器;21.轴套锁定钮;22.脚螺旋;23.通讯电缆

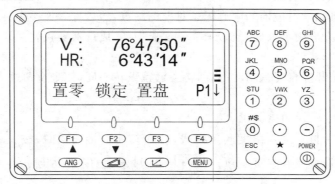

图 2-25 操作面板

表 2-16-1 键盘功能表

按 键	名 称	功 能
ANG	角度测量键	角度测量模式(▲上移键)
〈距离测量键符号〉	距离测量键	距离测量模式(▼下移键)
〈坐标测量键符号〉	坐标测量键	坐标测量模式(◄左移键)
MENU	菜单键	菜单模式(►右移键)
ESC	退出键	返回上一级状态或返回测量模式
POWER	电源开关键	电源开关
F1 ~ F4	软键(功能键)	对应显示的软键功能
0 ~ 9	数字键	输入数字和字母、小数点、负号
★	星键	星键模式

2.全站仪安置

每小组在实习场地的指定测站上安置全站仪,基本操作方法:

(1)对中

首先将三脚架打开,伸到适当高度,拧紧三个固定螺旋。自箱中取出仪器,一手握住仪器,另一手旋紧中心连接螺旋,将仪器小心地安置到三脚架架头上。调节光学对中器,使分划板上的中心标志(圆圈)与测站点都能清晰可见,挪动或平移架腿,使光学对中器的中心标志(圆圈)精确对准测站点,然后固定架腿位置。

(2)整平

观察圆水准器粗平仪器:通过升降架腿来粗平仪器,使圆水准器气泡居中。然后利用长水准器精平仪器:首先松开水平制动螺旋,转动仪器使管水准器平行于某一对脚螺旋A、B的连线。再旋转脚螺旋A、B,使管水准器气泡居中。接着将仪器绕竖轴旋转90°,再旋转另一个脚螺旋C,使管水准器气泡居中。再次旋转90°,重复前述步骤,直至在两个垂直方向上气泡均居中为止。

(3)精置

观察光学对中器,若测站点偏离中心,不符合对中要求,则可松开中心连接螺旋,在架头上平移仪器,将光学对中器的中心标志对准测站点,然后拧紧连接螺旋。再次利用长水准器按上述相同方法精平仪器,使管水准气泡居中,完成仪器安置。

(4)开机

打开电源,松开竖直度盘制动螺旋,将望远镜纵转一周,使竖直角过零,屏幕上显示出竖直度盘读数。

3.角度测量模式及角度测量

全站仪开机后自动进入角度测量模式,若在其他测量模式时,按 ANG 键进入角度测量模式。角度测量模式有三页菜单,按 F4 循环显示,如图 2-26 所示。其各键和显示字符的功能如表 2-16-2。

按实验要求,分别瞄准待测目标,读取水平度盘读数和竖直度盘读数,获取水平角和竖直角,记录在相应表格栏内。

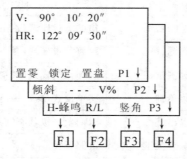

图 2-26　角度测量模式菜单

表 2-16-2　角度测量模式各键和显示字符的功能表

页　数	软　键	显示字符	功　　能
第1页 （P1）	F1	置零	设置当前视线方向的水平度盘读数为0
	F2	锁定	锁定当前视线方向的水平度盘读数
	F3	置盘	输入当前视线方向的水平度盘读数为设定值
	F4	P1↓	显示第二页
第2页 （P2）	F1	倾斜	设置倾斜改正开或关,若选择开则进行倾斜改正
	F2	− − −	无功能
	F3	V%	切换竖盘读数的显示方式（角度制或斜率百分比）
	F4	P2↓	显示第三页
第3页 （P3）	F1	H-蜂鸣	提示水平度盘过 0°、90°、180°、270°时是否蜂鸣
	F2	R/L	切换水平度盘读数按右/左旋方向递增
	F3	竖角	切换竖直角显示方式（高度角或天顶角）
	F4	P3↓	显示第一页

4.距离测量模式及距离测量

仪器照准棱镜时,按 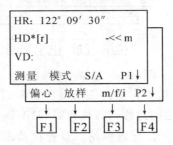 进入距离测量模式并开始自动测距。距离测量模式有两页菜单,按 F4 循环显示,如图 2-27 所示。其各键和显示字符的功能如表 2-16-3。

```
HR: 122° 09′ 30″
HD*[r]              -<< m
VD:
测量  模式 S/A  P1↓
偏心  放样  m/f/i P2↓
      ↓    ↓    ↓    ↓
     F1   F2   F3   F4
```

图 2-27　距离测量模式菜单

盘左,按 键,进入距离测量模式,瞄准目标棱镜中心,按 F1 启动距离测量,即可显示仪器中心至棱镜之间的斜距（SD）,水平距离（HD）和高差（VD）等数值。盘右重复上述操作即可。若需要测量两点间高差,需要量取仪器高（用钢卷尺丈量）和读取棱镜高（对中杆上直接读数）。在相应表格栏内做好记录。

表 2-16-3　距离测量模式各键和显示字符的功能表

页　数	软　键	显示字符	功　　　能
第 1 页 （P1）	F1	测量	启动距离测量
	F2	模式	设置测距模式（精测或跟踪）
	F3	S/A	设置温度、气压、棱镜常数
	F4	P1↓	显示第二页
第 2 页 （P2）	F1	偏心	偏心测量模式
	F2	放样	距离放样模式
	F3	m/f/i	设置距离单位（米/英尺/英寸）
	F4	P2↓	显示第一页

5.坐标测量模式及坐标测量

仪器照准棱镜时，按 ⤢ 进入坐标测量模式并自动开始测量坐标。坐标测量模式有三页菜单，按 F4 循环显示，如图 2-28 所示。其各键和显示字符的功能如表 2-16-4。

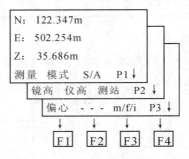

图 2-28　坐标测量模式菜单

坐标测量首先要设置定向边方位角。在角度测量模式下，盘左，瞄准定向点，进行置盘，输入定向边的方位角。当定向边假定方位角时，瞄准该方向，输入假定的方位角值。

按 ⤢ 键，进入坐标测量模式，配置测站。设置仪器高（用钢卷尺丈量）和目标高（对中杆上直接读数），输入仪器中。设置测站点的三维坐标（x、y、H），若测站点坐标未知，可输入假定坐标值。

瞄准目标棱镜，按 F1 启动坐标测量，即可读取待测点的三维坐标数值，做好记录。

表 2-16-4　坐标测量模式各键和显示字符的功能表

页　数	软　键	显示字符	功　　　能
第 1 页 （P1）	F1	测量	启动坐标测量
	F2	模式	设置测距模式（精测或跟踪）
	F3	S/A	设置温度、气压、棱镜常数等
	F4	P1↓	显示第二页

页 数	软 键	显示字符	功 能
第2页 (P2)	F1	镜高	设置棱镜高(v)
	F2	仪高	设置仪器高(i)
	F3	测站	设置测站坐标(X/Y/Z;N/E/Z)
	F4	P2↓	显示第三页
第3页 (P3)	F1	偏心	偏心测量模式
	F2	— — —	无功能
	F3	m/f/i	设置坐标单位(米/英尺/英寸)
	F4	P3↓	显示第一页

6.练习星键模式

按 ★ 进入星键模式,可对以下项目进行设置:

(1)对比度调节。通过按▲或▼键,可以调节液晶显示屏的对比度。

(2)照明。通过 F1 选择照明,按 F1 或 F2 选择开关背景光。

(3)倾斜。通过 F2 选择倾斜,按 F1 或 F2 选择开关倾斜改正。

(4)S/A。通过 F4 选择 S/A,对棱镜常数和温度气压进行设置。

五、技术要求

1.仪器的对中偏差不大于1毫米,仪器高和棱镜高的量取精确至1毫米。

2.角度测量中,水平角半测回互差不大于 $40''$,测回间互差不大于 $24''$,竖直角指标差不大于 $25''$。

3.距离测量中,测回间距离互差不大于10毫米。

4.坐标测量中,半测回间坐标互差不大于10毫米。

六、注意事项

1.全站仪是贵重的精密仪器,操作必须小心、谨慎、规范,保证仪器的绝对安全。

2.每次开机时,必须纵转望远镜一周,使竖直角过零。

3.在测量过程中,千万不能不关机就拔下电池,否则测量数据将会丢失。

4.操作结束,必须先关掉仪器电源,再取下电池盒,否则仪器容易损坏。

5.在距离测量模式下,显示的高差(VD)仅指目标棱镜与望远镜之间的高差,而不是测点与测站之间的真正高差。

七、实验报告

每实验小组上交一份全站仪角度、距离、高差、坐标测量记录表(表2-16-5)。

1. 下图为全站仪 NTS-355 的结构图,说明该仪器部分部件名称或简述部分部件的作用。

名称:1.＿＿＿＿＿＿ 2.＿＿＿＿＿＿ 3.＿＿＿＿＿＿ 4.＿＿＿＿＿＿

　　　5.＿＿＿＿＿＿ 6.＿＿＿＿＿＿ 7.＿＿＿＿＿＿ 8.＿＿＿＿＿＿

　　　9.＿＿＿＿＿＿ 10.＿＿＿＿＿＿

作用:1.＿＿＿＿＿＿ 2.＿＿＿＿＿＿ 3.＿＿＿＿＿＿ 4.＿＿＿＿＿＿

　　　5.＿＿＿＿＿＿ 6.＿＿＿＿＿＿ 7.＿＿＿＿＿＿ 8.＿＿＿＿＿＿

　　　9.＿＿＿＿＿＿ 10.＿＿＿＿＿＿

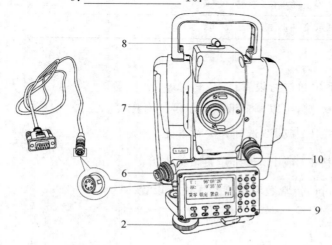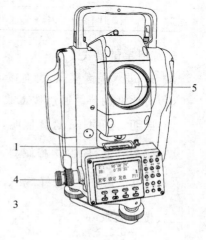

图 2-29

2. 南方全站仪 NTS-355 的测量模式有几种? 基本测量模式主要进行哪些测量工作?

3. 用全站仪测定点位坐标时,影响点位精度的误差主要有:＿＿＿＿＿＿＿、
＿＿＿＿＿＿＿、＿＿＿＿＿＿＿等几种。

4. 用全站仪测定坐标时,安置好仪器后、在测目标点坐标之前要做哪些工作? 并说明为什么要先对后视?

5. 全站仪测量点位平面坐标的原理是(　　　　　)。

A. 偏角法　　　B. 极坐标法　　　C. 距离交会法　　　D. 角度交会法

表 2-16-5 全站仪角度、距离、高差、坐标测量记录表

日期＿＿＿＿＿　天气＿＿＿＿＿　班组＿＿＿＿＿

仪器型号＿＿＿＿＿　气温＿＿＿＿＿　观测者＿＿＿＿＿　气压＿＿＿＿＿　记录者＿＿＿＿＿

测站（仪高）	目标（镜高）	竖盘位置	水平角测量		竖直角测量		距离和高差测量			坐标测量		
			水平度盘读数	水平角	竖盘读数	竖直角	斜距	平距	高差	x	y	H
			° ′ ″	° ′ ″	° ′ ″	° ′ ″	（m）	（m）	（m）	（m）	（m）	（m）

实验十七　三角高程测量

一、实验目的

1. 掌握三角高程测量的观测方法。
2. 掌握三角高程测量的计算方法。

二、实验计划

1. 实验时数 2 学时。
2. 每实验小组由 4 人组成。
3. 每组在实验场地选定 2 点,用三角高程测量方法测出两点间的高差。

三、实验仪器

每实验小组的实验器材为:DJ6 光学经纬仪或 DJ2 光学经纬仪 1 台,标杆 1 根,标杆架 1 个,钢卷尺 1 把。

四、方法步骤

在实验场地上选择 A、B 两点(相距约 60 米),如已知 A 点高程(本实验假定 A 点高程为 $H_A = 20$ 米),则可用三角高程测量方法测出 B 点高程。

1. 距离丈量

用钢尺量距的一般方法测出 A、B 两点间的水平距离 D_{AB}。

如在已知距离的两点上进行三角高程测量,则不需进行距离测量工作。

2. 三角高程测量的观测

(1)往测

在 A 点安置经纬仪,对中、整平。

用钢卷尺量取仪器高度 i_1。

在 B 点竖立标杆,量取标杆高度 l_1。

用经纬仪瞄准标杆顶部,测出竖直角 α_{AB}。

(2)返测

在 B 点安置经纬仪,A 点竖立标杆,用与往测相同方法进行观测。

3. 记录

将观测数据记录在三角高程测量记录及计算表(表 2-17-1)中。

4. 计算

往测高差:$h_{AB} = D_{AB} \tan\alpha_{AB} + i_1 - l_1$

返测高差:$h_{BA} = D_{AB} \tan\alpha_{BA} + i_2 - l_2$

如往返测高差之差在容许范围之内,则取平均值。否则需重测。

五、技术要求

1. 仪器高、标杆高均精确量至 1 毫米。
2. 往返测高差之差的容许误差为 $f_{h容} = \pm 0.04D$ 米,其中 D 为边长,以百米为单位。

六、注意事项

1. 竖直角观测时应以中丝横切于目标顶部。
2. 对于有竖盘指标水准管的经纬仪,每次竖盘读数前必须使水准管气泡居中。
3. 安置好仪器后应及时量取仪高,以免在测好后忘记量取仪高而移动了仪器。
4. 当 $D < 400$ 米时,可不进行两差改正。

七、实验报告

每组上交三角高程测量记录及计算表(表 2-17-1)。

八、练习题

1. 在三角高程测量中,大气折光差和地球曲率差对两点间的高差的影响为( )。
A. 气差使高差减小,球差使高差增大
B. 气差使高差增大,球差使高差减小
C. 气差、球差都使高差增大
D. 气差、球差都使高差减小
2. 三角高程测量中,采用对向观测可以消除( )对高差的影响。
A. 气差和球差
B. 气差
C. 球差
D. 仪器横轴误差

表 2-17-1 三角高程测量记录及计算表

日期_____年_____月_____日　天气_____　　　　　　　　观测者_____

仪器号码_____　　　　　　　　　　　　　　　　　　　　　　记录者_____

待求点			
起算点			
观测		往	返
平距 D(m)			
竖直角	L		
	R		
	α		
$D\tan\alpha$(m)			
仪器高 i(m)			
觇标高 l(m)			
两差改正 f(m)			
高差(m)			
往返测之差(m)		限差	
平均高差(m)			
起算点高程(m)			
待求点高程(m)			

实验十八　绘制坐标格网和展绘控制点

一、实验目的

1. 熟悉坐标格网的绘制方法。
2. 掌握测量控制点的展绘方法。

二、实验计划

1. 实验时数 2 学时。
2. 每实验小组由 4 人组成。
3. 每组绘制 40 厘米×50 厘米的坐标格网一张,并展绘控制点。

三、实验仪器

每实验小组的实验器材为:坐标格网尺或长直尺 1 把,绘图纸 1 张。

四、方法步骤

1. 坐标格网绘制

绘制坐标格网可用坐标格网尺法。如没有坐标格网尺可用对角线法。

如使用已绘制好坐标格网的图纸时,无需再绘制方格网。

(1)坐标格网尺法

坐标格网尺是一种特制的金属直尺,如图 2-30 所示。

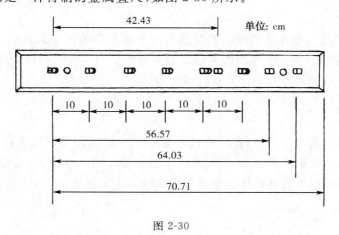

图 2-30

40 厘米×50 厘米方格网的绘制方法如下:

1)距图纸下边缘约 50 厘米画一直线,在其左端的适当位置取一点 A,将尺子零点对

准 A，沿各孔斜面底边画弧与直线相交，得五个等分点及直线 AB。

2）使尺子零点对准 B 点，并使尺身与 AB 大致垂直，沿各孔斜面底边画弧。

3）将尺子沿对角线位置放置，并使尺子零点对准 A 点，以图幅对角线长 64.03 厘米为半径画弧，与前一项中最上一条弧线相交于 C 点，连接 BC。

4）用画 BC 的相同方法，可得右上角点 D 点及 AD。

5）连接 DC，用尺子零点对准 D 点，在 DC 上作出各等分点。

6）连接对边上相应各点，即得所绘的方格边长为 10 厘米、图幅大小为 40 厘米×50 厘米的坐标方格网。

（2）对角线法

如图 2-31 所示，用直尺先在图纸上画出两条对角线，以交点 M 为圆心，取适当长度为半径画弧，与对角线相交得 A、B、C、D 点，连接各点得矩形 $ABCD$。从 A、B、D 点起，分别沿 AB、AD、BC、DC 各边，每隔 10 厘米定出一点，然后连接各对边的相应点，即得所需的坐标方格网。

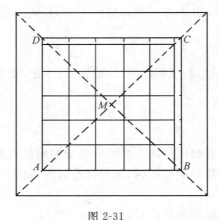

图 2-31

2. 展绘控制点

坐标格网绘好后，根据所要展绘的控制点的坐标值和测图比例尺确定出坐标格网的坐标，并注在相应的位置上。每组将自己计算好的控制点（导线点）展绘在图纸上（比例尺为 1∶500），并在各控制点右侧注上点号与高程。

五、技术要求

1. 方格网线粗为 0.1 毫米，方格边长误差≤0.2 毫米，图廓边长及对角线长度误差≤0.3 毫米，纵横网格线应严格正交，且对角线上各点位于同一直线上，其偏差≤0.2 毫米。

2. 所展绘的控制点之间的图上距离与已知的图上距离之差≤0.3 毫米。

六、注意事项

1. 所用铅笔要削得细而尖，切忌太粗。

2. 绘制坐标格网和展绘控制点时要仔细认真，做到一丝不苟。

3. 确定格网坐标时，应该使控制点尽量分布在图幅中间。

4. 用坐标格网尺时，注意各孔的定位位置是斜面下缘，即画线应沿斜面下边缘画，切忌用错。

七、实验报告

每组上交已展绘控制点的图纸一张。

八、练习题

1. 测图前的准备工作有 _____、_____、_____、_____、_____。

2. 已展绘的控制点，图上距离与已知距离的图上值之差不应超过 _____ 毫米。

实验十九　经纬仪测绘法测绘地形图

一、实验目的

掌握用经纬仪测绘法测绘大比例尺地形图的方法。

二、实验计划

1. 实验时数 2～3 学时。
2. 每实验小组由 4 人组成。1 人观测,1 人记录,1 人立尺,1 人绘图,可轮流操作。
3. 每组测绘一小块 1∶500 地形图。

三、实验仪器

每实验小组的实验器材为:DJ6 光学经纬仪 1 台,皮尺 1 把,视距尺 1 根,量角器 1 个,绘图板一块,图纸 1 张,比例尺 1 把,标杆 1 根,标杆架 1 个。

四、方法步骤

1. 在实验场地上选定控制点 A、B(A、B 已展绘在图纸上),以 A 为测站点,安置经纬仪,对中、整平。用皮尺量取仪器高 i,则经纬仪的视线高程为 $H_i = H_A + i$。
2. 在 B 点竖立标杆,用经纬仪盘左位置瞄准 B 点,并将水平度盘读数配置为 $0°00'00''$。

3. 在碎部点 C 立尺,经纬仪瞄准 C 点,读取上、中、下三丝读数,水平度盘读数 β,竖直度盘读数 L,并记录在记录表 2-19-1 中。

4. 用视距测量公式计算出 AC 的水平距离 D 及 C 点高程 H。

$$D = Kn\cos^2\alpha$$

$$H = H_A + \frac{1}{2}Kn\sin2\alpha + i - l = H_i + \frac{1}{2}Kn\sin2\alpha - l$$

式中,K 为视距常数,$K = 100$;n 为上、下丝读数之差,即视距间隔;α 为竖直角;l 为中丝读数。

5. 图板设置于测站附近,用量角器在图上以 ab 方向为基准量取 β 角,定出 ac' 方向,把实地距离按测图比例尺换算成图上距离,在 ac' 方向上定出 c 点,在其右边注上高程。

6. 按以上方法测出其他碎部点的图上位置及高程,从而绘制成地形图,如图 2-32 所示。

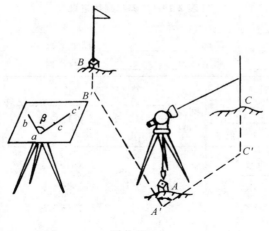

图 2-32

五、技术要求

1. 测图比例尺取 1∶500。

2. 竖直角可只用盘左 1 个位置观测,读数读至整分数。

3. 上、下丝读数应读至毫米,中丝可读至厘米。

4. 水平角读数可读至整分数。

5. 碎部点距离及高程计算至厘米。

六、注意事项

1. 经纬仪的指标差应进行检验与校正,指标差应不大于 1′。

2. 应随测、随算、随绘。

3. 观测若干点后,经纬仪应进行归零检查,如偏差大于 4′时,应检查所测碎部点。

4. 绘碎部点方向线时,应轻、细,定出碎部点后应擦去。

5. 相近的碎部点,如高程变化较小,不必每点注记高程。

6. 选择碎部点应选择地物地貌特征点。

七、实验报告

每组上交:

1. 碎部测量记录表(表 2-19-1)。

2. 地形图 1 张。

八、练习题

1. 将经纬仪起始方向设置为 0°00′00″是为了 _____ 方便。

2. 碎部点高程注记的字头应向 _____ 。

表 2-19-1 碎部测量记录表

日期_____年_____月_____日 天气_____ 观测者_____ 记录者_____

仪器号码_____ 指标差_____ 视距常数_____

测　　站_____ 测站高程_____ 仪器高程_____

点号	尺上读数		视距间隔（m）	竖 直 角		水平角 ° ′	水平距离（m）	高程（m）	备注
	中　丝	下　丝 上　丝		竖盘读数 ° ′	竖直角值				

实验二十 数字化测图数据采集

一、实验目的

1. 了解全站仪数字化测图的作业过程。
2. 掌握全站仪采集地面特征点坐标的方法。

二、实验计划

1. 实验时数为 2～3 学时。
2. 每实验小组由 4 人组成,1 人观测,1 人领图,2 人跑尺。
3. 每组完成一小块 1：500 地形图的数据采集。

三、实验仪器

每实验小组的实验器材为:全站仪 1 台,反射棱镜及棱镜对中杆 1 支,2 米钢卷尺 1 把。

四、方法步骤

全站仪数字化测图的基本形式为三维坐标测量。全站仪数字化测图的方法主要有草图法、编码法和内外业一体化的实时成图法等,本实验用的是草图法或编码法。

1. 全站仪的安置与定向

(1)在图根控制点上安置全站仪,对中、整平后,量取仪器高。输入测站点坐标、仪器高。

(2)照准相邻控制点上的反射棱镜,输入相邻控制点坐标(或已知方位角)数据,进行测站定向。

(3)按三维坐标测量方法,测量另一控制点,输入控制点的反射棱镜高,运用全站仪的坐标测量功能,测量该点的坐标、高程。用该点的已知坐标、高程进行检验。

2. 碎部点坐标数据的采集

选择碎部点,并且对各地形特征点进行编号(草图法)或者进行编码(编码法)。在各地形特征点放置反光镜,测量各点的三维坐标,将所测数据存储于全站仪所选的文件中。

3. 草图绘制

草图由领图员在现场根据实际情况绘制。草图简化标示地形要素的位置、属性和相互关系等。测点编号与仪器的记录点号相一致。

4. 测量数据的传输

坐标数据采集完成后,使用专用的通讯电缆将全站仪与计算机的 COM 口连接,利用通讯软件将全站仪采集到的数据传输到计算机内形成数据文件。

如采用手工记录,则观测每个点后,直接将测量数据记入记录表(表 2-20-1)中。

五、技术要求

1.仪器的对中偏差不大于 5 毫米,仪器高和反光镜高的量取精确至 1 毫米。

2.检验点的平面位置较差不大于图上 0.2 毫米,高程较差不大于基本等高距的 1/5。

3.如用手工记录,坐标、高程读记至 1 厘米。

六、注意事项

1.测站定向应选择较远的控制点。

2.所绘制的草图应保管好,作为内业图形编辑的参考依据。

3.测点的属性、地形要素的连接关系和逻辑关系等应在作业现场清楚记载。

七、实验报告

每组上交数字化测图数据采集记录表(表 2-20-1)。

八、练习题

1.全站仪数字测图的基本形式为_____测量。

2.全站仪数字化测图时的方法主要有_____、_____、

_____。

表 2-20-1　数字化测图数据采集记录表

日期_____ 年_____ 月_____ 日　　天气_____　　　　观测者_____

仪器编号_____ 测站_____ 仪高_____　　　　记录者_____

目标点	x （m）	y （m）	H （m）	编码	示意图

实验二十一　数字地图绘制

一、实验目的

1. 了解数字化成图的主要步骤。
2. 学会使用 AutoCAD 或数字测图软件绘制数字地图。

二、实验计划

1. 实验时数为 2～3 学时。
2. 每实验小组由 4 人组成，可按实验小组为单位在计算机房或在学生自己的计算机上进行实验。
3. 每组根据全站仪采集得到的数据绘制一幅地形图。

三、实验仪器

每小组的实验器材为：计算机 1 台，AutoCAD 或数字测图软件 1 套。

四、方法步骤

本实验根据软件条件，选择利用数字测图软件或 AutoCAD 其中的一种方法进行。

1. 利用数字测图软件进行编码数字化成图

根据全站仪野外数据采集时输入的编码信息，通过专用的数字成图软件，计算机调用相应的线型自动连线成图，或生成非比例符号，并根据地物类别存入相应的图层。

主要包括以下步骤：

（1）将全站仪野外采集的数据文件转换为数字测图软件中定义的格式。

（2）打开文件后调用数字测图软件的绘图处理功能，进行编码数字化成图。

（3）根据现场绘制的草图对软件自动生成的地形图进行编辑、修改。

（4）进行地形图整饰，形成最终的数字地图图形文件，通过数字绘图仪打印成图。

2. 利用 AutoCAD 成图

当没有专用的数字成图软件时，也可以根据野外测得的坐标数据利用通用的 Auto-CAD 软件绘制数字地图，具体方法可以根据指导教师的要求和同学使用的熟练程度选择利用键盘输入数据绘制或者利用 VisualLisp 编制程序绘制。

在利用键盘输入数据进行数字地图绘制时，首先应调用 AutoCAD 的图层管理功能，按地形图图示中划分的地形要素类别，如测量控制点、居民地、工矿企业建筑和公共设施、独立地物、道路及附属设施、水系及附属设施、植被等，分别创建相应的图层，以便将测图的内容进行分层存放，并对各图层的颜色和线型进行设置，然后根据野外采集的地物特征点坐标，用键盘逐点输入，参照数据采集时现场绘制的草图进行连线，编辑成图。

（1）依比例符号的绘制

依比例符号主要是一些一般地物的轮廓线，依比例缩小后，图形保持与地面实物相似，如房屋、农田、湖泊等。这些符号一般是由直线段、曲线段等图形元素组合而成，可以通过 LINE、PLINE、CIRCLE、ARC 等作图命令来绘制这些图形，对地面的植被、耕地等按图示规定须绘制特定的代表性符号均匀分布在图上相应范围内，可以用面填充命令 HATCH 进行绘制。

（2）非比例符号的绘制

非比例符号主要是指一些独立的、面积较小但具有重要意义或不可忽视的地物，如测量控制点、水井、消防龙头等。非比例符号的特点是仅表示地物中心点的位置，而不表示其大小。对这些符号的处理，可先按图式标准将这些符号在 AutoCAD 中用绘图命令将其绘出，然后用 WBLOCK 命令将其存放于计算机符号库中，在成图时，按其位置用 INSERT 命令调用相应的符号名，即可将其绘制于图上。

（3）线形符号的绘制

线形符号在地图上代表一些线状地物，如围墙、斜坡、境界、篱笆等。这些符号的特点是在长度上依比例，在宽度上不依比例。在处理这些符号时，可通过 PLINE、CIRCLE、POINT、ARC 等来绘制这些图形，也可以利用 MIRROR、ARRAY 等命令辅助绘制。

（4）注记的绘制

注记分为数字注记、文字注记，数字注记和字母可采用 TEXT 或 DTEXT 等命令进行直接注记，对于文字注记，应先通过 STYLE 命令选择所采用的汉字字体，然后用 TEXT 命令进行文字注记。

在图形编辑时，可充分利用 AutoCAD 中的编辑功能如 COPY、MOVE、ERASE、EXTEND、TRIM、ROTATE 、SCALE 等命令对图形进行编辑，使之成为符合要求的数字地图。

五、技术要求

按比例尺 1∶500 绘制地图。

六、注意事项

1. 数据处理前，要熟悉所采用的软件的工作环境及使用方法。
2. 绘制的数字地图必须符合相应比例尺地形图图式的规定。

七、实验报告

每组上交一份绘制好的数字地图文件或打印好的地图。

八、练习题

1. 地形图的地物符号包括_____、_____、_____ 。
2. 在地形图上，对某个具体地物采用比例符号还是非比例符号表示取决于_____
_____。
3. 数字地图是以_____形式记录和存储的地图。

实验二十二　建筑物轴线测设

一、实验目的

1. 掌握水平角的测设方法。
2. 掌握水平距离的测设方法。
3. 掌握点的平面位置的测设方法。

二、实验计划

1. 实验时数 2 学时。
2. 每实验小组由 4 人组成。
3. 每组完成一长方形建筑物轴线的测设。

三、实验仪器

每实验小组的实验器材为:DJ6 光学经纬仪或 DJ2 光学经纬仪 1 台,钢尺 1 把,标杆 1 根,榔头 1 把,木桩和小钉各 6 个。

四、方法步骤

1. 控制点布设和设计数据

如图 2-33 所示,每组在实验场地上选择相距为 50 米的 A、B 两点,先选一点,打下木桩,在桩顶钉一小钉,作为 A 点。然后选一方向 B',在 AB' 方向上量取 $D_{AB}=50$ 米,定出 B 点,打入木桩,钉上小钉。D_{AB} 应往返丈量,丈量误差应在 1/3000 以内。

假设 A、B 两点坐标分别为:

$$x_A=500.000\text{m} \qquad y_A=500.000\text{m}$$
$$x_B=500.000\text{m} \qquad y_B=550.000\text{m}$$

设建筑物 $PQMN$ 的 P、Q 两点的设计坐标为:

$$x_P=523.300\text{m} \qquad y_P=511.930\text{m}$$
$$x_Q=526.300\text{m} \qquad y_Q=532.030\text{m}$$

建筑物宽度为 8 米。

2. 测设数据的计算

用极坐标法测设时,则在 A 点测设 P、在 B 点测设 Q 的放样数据 d_1、β_1、d_2、β_2 分别为:

$$d_1=\sqrt{(x_P-x_A)^2+(y_P-y_A)^2}$$

$$\alpha_{AP}=\arctan\frac{y_P-y_A}{x_P-x_A}$$

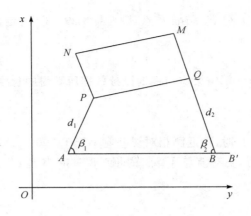

图 2-33

$$\alpha_{AB} = \arctan \frac{y_B - y_A}{x_B - x_A}$$

$$\beta_1 = \alpha_{AB} - \alpha_{AP}$$

$$d_2 = \sqrt{(x_Q - x_B)^2 + (y_Q - y_B)^2}$$

$$\alpha_{BQ} = \arctan \frac{y_Q - y_B}{x_Q - x_B}$$

$$\alpha_{BA} = \arctan \frac{y_A - y_B}{x_A - x_B}$$

$$\beta_2 = \alpha_{BQ} - \alpha_{BA}$$

校核数据 $\quad D_{PQ} = \sqrt{(x_Q - x_P)^2 + (y_Q - y_P)^2}$

3. 点位测设

(1)P 点测设

在 A 点架设经纬仪,盘左瞄准 B,将水平度盘读数设置为 β_1,逆时针转动照准部,当水平度盘读数为 $0°00'00''$ 时,固定照准部,在视线方向定出一点 P',从 A 在 AP' 方向上量取 d_1,打一木桩。

再用盘左在木桩上测设 β_1 角,得 P' 点,同理用盘右测设 β_1 角,得 P'',取 $P'P''$ 的中点 P_1,在 AP_1 方向上自 A 点量取 d_1,则得 P 点,钉上小钉。

(2)Q 点测设

同理,在 B 点安置经纬仪,自 A 点顺时针测设 β_2 角,定出 BQ 的方向线,在此方向上测设水平距离 d_2,得 Q 点。

(3)D_{PQ} 检核

同钢尺往返丈量 PQ 距离,取平均值,该平均值应与根据设计数据所计算得的 D_{PQ} 相等。若相差在限差之内,则符合要求,若超限,则 P、Q 点应重新测设。

(4)N 点测设

将经纬仪搬至 P 点,瞄准 Q 点,逆时针测设 $90°$ 角,定出 PN 方向,在该方向上量取 8.000 米,则得 N 点。

(5)M 点测设

同理,将经纬仪搬至 Q 点,瞄准 P 点,顺时针测设 90°角,定出 QM 方向,在该方向上量取 8.000 米,则得 M 点。

(6) D_{MN} 检核

丈量 MN 的距离,所量结果应与根据设计数据所算得的长度一致。

五、技术要求

1. 布设控制点 A、B 时,往返测相对误差应小于 1/3000。

2. D_{PQ}、D_{MN} 检核时,丈量值与计算值的相对误差应小于 1/3000。

六、注意事项

1. 如利用实习场地上原有的已知点放样时,放样数据应在实验前先算好,并相互检核无误。

2. 放样过程中上一步检核合格后,才能进行下一步的操作。

七、实验报告

每组上交:

1. 点位测设记录表(表 2-22-1)。

2. 点位测设检核记录表(表 2-22-2)。

练习题

1. 测设点位的方法有_____、_____、_____、_____。

2. 测设的基本工作包括_____、_____、_____。

表 2-22-1　点位测设记录表

日期_____年_____月_____日　天气_____　　　　　　　　观测者_____

仪器号码_____　　　　　　　　　　　　　　　　　　记录者_____

边名	坐　标　值				水平距离 （m）	方位角 ° ′ ″	水平角 ° ′ ″
	x_1 （m）	y_1 （m）	x_2 （m）	y_2 （m）			

表 2-22-2　点位测设检核记录表

边名	设计边长 （m）	丈量边长 （m）	相对误差

实验二十三　高程测设与坡度线测设

一、实验目的

1. 掌握已知高程的测设方法。
2. 掌握已知坡度线的测设方法。

二、实验计划

1. 实验时数 2 学时。
2. 每实验小组由 4 人组成。
3. 每组测设一条已知坡度的坡度线。

三、实验仪器

每实验小组的实验器材为：DS_3 水准仪一台，水准尺 1 把，皮尺 1 把，榔头 1 把，木桩 10 个。

四、方法步骤

1. 在实验场地上选择相距为 80 米的两点 A、B。先选一点 A，打上木桩，然后选一方向，在此方向上量取 80 米，定出 B 点。

假定 A 点桩顶高程为 $H_A = 20.000$ 米，AB 的坡度为 -1%，要求在 AB 方向上每隔 10 米定出一点，使各桩点高程在同一坡度线上，则 B 点高程为 $H_B = H_A + i_{AB} D_{AB} = 20.000 - 1\% \times 80 = 19.200$ 米。

2. B 点高程测设

(1) 在 A、B 两点之间安置水准仪，在 A 桩上立水准尺，读取 A 尺读数 a，则仪器高程为 $H_i = H_A + a$。

(2) 将水准尺靠在 B 桩侧面，上下移动水准尺，当水准仪在 B 尺上读数正好为 $b = H_i - H_B$ 时，固定水准尺，紧靠尺底在 B 桩侧面画一横线，此横线的高程即为设计高程 H_B。

如要使 B 桩桩顶高程为 H_B，则将水准尺立于 B 桩顶上，用逐渐打入法将 B 桩打入土中，直到 B 尺读数等于 b 时为止，此时桩顶高程即为设计高程。

(3) 将水准尺尺底置于 B 点设计高程位置，观测 AB 高差，观测值与设计值之差应在限差之内。

3. AB 坡度线测设

将水准仪安置在 A 点，并使水准仪基座上的一只脚螺旋固在 AB 方向上，另两只脚螺旋的连线与 AB 方向垂直，量取仪高 i，用望远镜瞄准立于 B 点的水准尺，调整在 AB 方向上的脚螺旋，使十字丝的中丝在水准尺上的读数为仪器高 i，这时仪器的视线平行于所设计的坡度线。然后在 AB 中间每隔 10 米定出 1、2、3…各点,打入木桩,在各点的桩上立水准尺,只要各点读数为 i,则尺子底部即位于设计坡度线上,如图 2-34 所示。

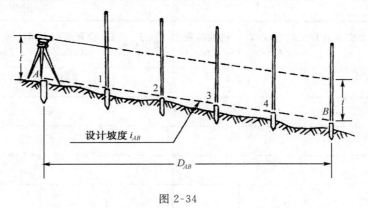

图 2-34

五、技术要求

高程检核时,观测高差与设计高差不应超过 5 毫米。

六、注意事项

1. 测设高程时,每次读数前均应使符合气泡严格符合。

2. 在测设各桩顶高程过程中,当打入木桩接近设计高程时应慢速打入,以免打入过头。

七、实验报告

每组上交高程测设记录表(表 2-23-1)。

八、练习题

1. 设 A 为已知点,B 为未知点,则仪器视线高程为 A 点高程加上( )。

A. A 尺读数

B. B 尺读数

C. AB 的高差

2. 坡度是地面上两点间的_____与_____的比值。

表 2-23-1 高程测设记录表

日期_____年_____月_____日   天气_____   观测者_____

仪器编号_____   记录者_____

水准点号	水准点高程 （m）	后视读数 （m）	视线高程 （m）	测设点号	设计高程 （m）	前视应读数 （m）	备　注

实验二十四 圆曲线测设

一、实验目的

1. 掌握圆曲线主点的测设方法。
2. 掌握用偏角法测设圆曲线细部点的方法。

二、实验计划

1. 实验时数 2～3 学时。
2. 每实验小组由 4 人组成。
3. 每组完成一圆曲线的测设。

三、实验仪器

每实验小组的实验器材为：DJ6 光学经纬仪或 DJ2 光学经纬仪 1 台，钢尺 1 把，标杆 2 根，标杆架 2 个，测针 1 组，榔头 1 把，木桩及小钉各 3 个。

四、方法步骤

1. 在实验场地上选定三点 A、JD、B，如图 2-35 所示，以 JD 作为路线交点，AJD、JDB 作为两个直线方向，JD 距 A、B 的距离大于 40 米，转折角 β 约为 120°。在三点上打上木桩、钉上小钉。设圆曲线的设计半径为 $R=50$ 米。设 JD 桩号为 1+200.00。

2. 转向角的测定

在 JD 安置经纬仪，用测回法一测回测出转折角 β，则线路的转向角 $\alpha=180°-\beta$。

3. 圆曲线主点测设

圆曲线的主点包括圆曲线的起点 ZY，圆曲线的中点 QZ 和圆曲线的终点 YZ。

（1）主点测设元素的计算。圆曲线的主点测设元素有切线长 T、曲线长 L、外矢距 E 及切曲差 q。这些主点测设元素均可根据线路的转向角 α 及圆曲线半径 R 计算而得，其计算公式为：

$$T=R\tan\frac{\alpha}{2}$$

$$L=\frac{\pi}{180°}\alpha R$$

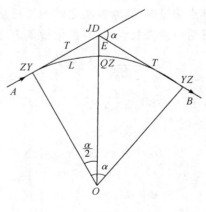

图 2-35

$$E = R\left(\sec\frac{\alpha}{2} - 1\right)$$

$$q = 2T - L$$

(2)主点桩号计算。圆曲线上各主点的桩号通常根据交点的桩号来推算,如已知交点桩号,可求出圆曲线主点的桩号,其计算公式如下:

$$\left.\begin{aligned} ZY \text{桩号} &= JD \text{桩号} - T \\ QZ \text{桩号} &= ZY \text{桩号} + \frac{L}{2} \\ YZ \text{桩号} &= QZ \text{桩号} + \frac{L}{2} \end{aligned}\right\}$$

为检验计算是否正确无误,可用切曲差 q 来验算,其检验公式为

$$YZ \text{桩号} = JD \text{桩号} + T - q$$

(3)主点的测设。圆曲线的主点测设元素求出后,可按如下步骤测设圆曲线的主点:①测设圆曲线起点(ZY)。在交点 JD 安置经纬仪后视相邻交点方向,自 JD 沿该方向量取切线长 T,在地面标定出圆曲线起点 ZY。②测设圆曲线终点(YZ)。在 JD 用经纬仪前视相邻交点方向,自 JD 沿该方向量取切线长 T,在地面标定出曲线终点 YZ。③测设圆曲线中点(QZ)。在 JD 点用经纬仪后视 ZY 点方向(或前视 YZ 点方向),测设水平角 $\frac{180° - \alpha}{2}$,定出路线转折角的分角线方向(即曲线中点方向),然后沿该方向量取外矢距 E,在地面标定出圆曲线中点 QZ。

4. 圆曲线细部点的测设

要求在圆曲线上测设里程桩号为整 10 米的各细部点。

(1)测设数据的计算

如图 2-36 所示,设曲线起点至第一个细部点 P_1 的弧长为 l_1,偏角为 δ_1;在以后的细部点测设时,通常各桩之间的弧长是相等的,设两桩之间的弧长为 l_0,偏角的增量为 $\Delta\delta_0$,最后一段弧长为 l_n,其偏角增量为 $\Delta\delta_n$,则各桩的偏角可按以下公式计算:

$$\delta_1 = \frac{l_1}{2R}\rho$$

$$\Delta\delta_0 = \frac{l_0}{2R}\rho$$

$$\left.\begin{aligned} \delta_2 &= \delta_1 + \Delta\delta_0 \\ \delta_3 &= \delta_1 + 2\Delta\delta_0 \\ &\cdots\cdots \\ \delta_i &= \delta_1 + (i-1)\Delta\delta_0 \\ &\cdots\cdots \end{aligned}\right\}$$

$$\Delta\delta_n = \frac{l_n}{2R}\rho$$

$$\delta_n = \delta_{n-1} + \Delta\delta_n$$

δ_n 即为曲线终点 YZ 点的偏角,其值可用二分之一转向角来检核,即

$$\delta_n = \delta_{YZ} = \frac{\alpha}{2}$$

各点之间的弦长为

$$\left.\begin{array}{l} c_1 = 2R\sin\delta_1 \\ c_0 = 2R\sin\Delta\delta_0 \\ c_n = 2R\sin\Delta\delta_n \end{array}\right\}$$

（2）细部点测设

用偏角法测设圆曲线细部点的操作步骤如下：①安置经纬仪于 ZY 点，照准 JD，使水平度盘读数为 $0°00'00''$。②转动照准部，使水平度盘读数为 δ_1，定出 P_1 点的方向，自 ZY 点用钢尺量取弦长 c_1 米，在该方向上定出一点，即得 P_1 点。③转动照准部，使水平度盘

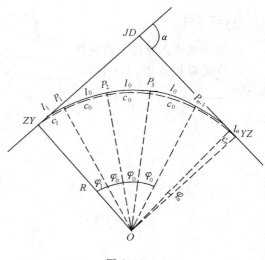

图 2-36

读数为 δ_2，定出 P_2 的方向，自 P_1 点量取弦长 c_0 米，在 P_2 点的方向上定出 P_2 点。同法，可定出曲线上其他各点。④测设至 YZ 点，以作为检核。测设出的 YZ 点，应与测设圆曲线主点所定的点位一致，如不重合，应在允许偏差之内。

五、技术要求

1. 角度计算至整秒。

2. 长度可计算至厘米。

3. 由测设细部点时测设的 YZ 点，应与测设圆曲线主点所定的点重合，若不重合则闭合差不得超过如下规定：

半径方向（横向）小于 ±0.1 米；

切线方向（纵向）小于 $\pm L/1\,000$（L 为曲线长）。

六、注意事项

1. 测设数据应检查无误后才能使用。

2. 用偏角法测设圆曲线时，有时当曲线较长，为了缩短视线长度，提高测设精度，可自 ZY 点及 YZ 点分别向 QZ 点测设，分别测设出曲线上一半细部点。

七、实验报告

每组上交：

1. 水平角观测记录表（2-24-1）。

2. 圆曲线主点测设元素及主点桩号计算表（2-24-2）。

3. 偏角法测设圆曲线测设数据计算表（表 2-24-3）。

八、练习题

1. 圆曲线主点测设元素包括_____、_____、_____、_____。

2. 在道路桩点中,JD 表示_____,ZY 表示_____,YZ 表示_____,QZ 表示_____。

表 2-24-1　水平角观测记录表

日期＿＿＿＿年＿＿＿＿月＿＿＿＿日　天气＿＿＿＿＿＿＿　　　　　　观测者＿＿＿＿＿＿

仪器号码＿＿＿＿＿＿＿＿　　　　　　　　　　　　　　　　　记录者＿＿＿＿＿＿

测　站	目　标	竖盘位置	水平度盘读数 。　′　″	半测回角值 。　′　″	一测回角值 。　′　″	备　注
		左				
		右				
		左				
		右				

表 2-24-2　圆曲线主点测设元素及主点桩号计算表

交点桩号	
转折角	
转向角 α	
圆曲线半径 $R(\mathrm{m})$	
切线长 $T = R\tan\dfrac{\alpha}{2}(\mathrm{m})$	
曲线长 $L = \dfrac{\pi}{180°}\alpha R(\mathrm{m})$	
外矢距 $E = R\left(\sec\dfrac{\alpha}{2} - 1\right)(\mathrm{m})$	
切曲差 $q = 2T - L(\mathrm{m})$	
圆曲线起点 ZY 桩号 $= JD$ 桩号 $- T$	
圆曲线中点 QZ 桩号 $= ZY$ 桩号 $+ \dfrac{L}{2}$	
圆曲线终点 YZ 桩号 $= QZ$ 桩号 $+ \dfrac{L}{2}$	
检核 YZ 桩号 $= JD$ 桩号 $+ T - q$	

表 2-24-3 偏角法测设圆曲线测设数据计算表

曲线桩号	相邻桩点间弧长 （m）	偏角值 。　　′　　″	相邻桩点间弦长 （m）

实验二十五　断面测量

一、实验目的

1. 掌握纵断面测量方法。
2. 掌握横断面测量方法。

二、实验计划

1. 实验时数 2～3 学时。
2. 每实验小组由 4 人组成。
3. 每组完成 1 个纵断面测量。
4. 每组完成 2 个横断面测量。

三、实验仪器

每实验小组的实验器材为：DS$_3$ 水准仪 1 台，水准尺 2 把，尺垫 2 个，皮尺 1 把，榔头 1 把，木桩 12 个，方向架 1 个。

四、方法步骤

在实验场地上选择一长约 300 米的路线，用皮尺量距，每隔 50 米打一木桩，并在坡度与方向变化处打入加桩。设起点桩的桩号为 0＋000，定出其他各桩的桩号，并标注在各木桩上。

在路线起点附近选一固定点或打入木桩，用该点作为已知水准点，设其高程为 20.000 米。

1. 纵断面测量

（1）观测

选择一适当位置安置水准仪，后视水准点，设一转点 $TP1$ 后前视 $TP1$，再中间视 0＋000，0＋050，…点。

以上第 1 站观测完成后，将水准仪搬至第 2 站，先后视 $TP1$，然后前视 $TP2$，再中间视其他桩点。用同样的方法向前测量，直到线路终点。

再从终点测回到水准点，以此作为检核，此时可不观测各中间点。

（2）记录计算

将观测数据记录在纵断面测量记录表（表 2-25-1）中，计算闭合差 f_h。如 f_h 在容许闭合差之内，则按以下公式计算各桩点高程，否则需要重测。

视线高程＝后视点高程＋后视读数

转点高程＝视线高程－前视读数

中桩高程＝视线高程－中视读数

2. 横断面测量

（1）观测

每组选 2 个中桩进行横断面测量。先用方向架确定出线路中线的垂直方向（即横断面方向）。用皮尺量取左、右各 20 米，在两侧各坡度变化处立尺，用水准仪后视中桩点，前视其他各立尺点，再用皮尺量取各立尺点间距。

（2）记录计算

将各观测数据记录在横断面测量记录表（表 2-25-2）中，并算出各点高程。

3. 纵断面图绘制

选择水平距离比例尺 1∶2 000，高程比例尺 1∶200，将外业所测各点画在纵断面图上，依次连接各点则得线路中线的地面线。

4. 横断面图绘制

选择水平距离比例尺和高程比例尺均为 1∶200，绘出各横断面图。

五、技术要求

1. 纵断面水准测量的高差容许闭合差为 $f_{h容}=\pm 50\sqrt{L}$ 毫米，式中 L 为路线长度，以千米计。

2. 纵断面测量时，前、后视读数至毫米，中间视读数至厘米。

3. 横断面测量时，读数至厘米，水平距离量至 0.1 米。

六、注意事项

1. 读中视读数时，因无检核，所以应仔细认真，防止出错。

2. 在线路纵断面测量中，各中桩的高程精度要求不是很高（读数只需读至厘米），因此在线路高差闭合差符合要求的情况下，可不进行高差闭合差的调整，而直接计算各中桩的地面高程。

3. 绘制横断面图时，应分清左、右，防止出错。

七、实验报告

每组上交：

1. 纵断面测量记录表（表 2-25-1）。

2. 纵断面图 1 张。

3. 横断面测量记录表（表 2-25-2）。

4. 横断面图 2 张。

八、练习题

1. 纵断面图的高程比例尺一般比水平距离比例尺大（　　）倍。

A. 2　　　　　　　B. 5　　　　　　　C. 10　　　　　　　D. 20

2. 测量中线上各桩地面高程的工作叫( )

A. 纵断面测量

B. 横断面测量

C. 中桩测量

D. 基平测量

表 2-25-1　纵断面测量记录表

日期 _____ 年 _____ 月 _____ 日　天气 _____ 　　　　　　观测者 _____

仪器编号 _____ 　　　　　　　　　　　　　　　　　记录者 _____

测站	点　号	后视读数（m）	中视读数（m）	前视读数（m）	前后视高差（m）	视线高程（m）	测点高程（m）	备注

表 2-25-2 横断面测量记录表

日期_____年_____月_____日　天气_____　　　　　观测者_____
仪器编号_____　　　　　　　　　　　　　　　　记录者_____

测站	地形点距中桩距离（m）	后视读数（m）	前视读数（m）	中视读数（m）	视线高程（m）	高　程（m）	备　注

实验二十六　GPS 接收机的认识与使用

一、实验目的

1. 了解 GPS 静态相对定位的作业方法。
2. 了解 GPS 观测数据在计算机上的处理过程。

二、实验计划

1. 实验时数为 2 学时。
2. 每实验小组由 4 人组成,3 个实验小组为一实验大组。
3. 每大组的 GPS 数据传输到计算机后统一进行解算。

三、实验仪器

每个实验大组的实验器材为:静态 GPS 接收机 1 套(3 台),对点器基座 3 套,三脚架 3 副,数据传输电缆 1 根,数据处理软件光盘 1 张(包含数据传输软件、基线解算软件、网平差及坐标转换软件),计算机 1 台。

四、方法步骤

1. GPS 接收机的认识

GPS 接收机的组成单元主要包括主机、天线和电源三部分,目前大多数仪器厂家采用了将主机、天线和电源整合在一起的一体化 GPS 主机结构。各种 GPS 接收机的外形、体积、重量、性能有所不同,如图 2-37 为 Trimble 4600LS 型 GPS 接收机,它采用了内置天线,工作时采用内置四节二号干电池供电。接收机面板上有一个开关键和三个指示灯,分别为电源状态指示灯、数据记录状况指示灯和卫星状况指示灯。

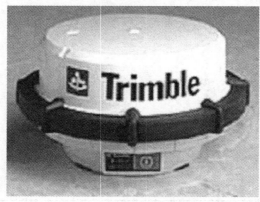

图 2-37　Trimble 4600LS 型 GPS 接收机

2．GPS 接收机的使用

GPS 接收机的使用在指导教师演示后进行。

(1)在测区给定的 3 个测点上分别架设三脚架,将基座安装在三脚架的架头上,对中、整平,然后将 GPS 接收机安装在基座上并锁紧。

(2)量测天线高。对备有与仪器配套的量高专用钢尺的接收机,可直接量取地面标志点的顶部至接收机天线边缘的指定量取位置之间的高差,若没有专用量高钢尺,需要对测量得到的斜高进行修正。

(3)启动 GPS 接收机,进行卫星自动搜索和数据采集。

(4)当 3 台接收机连续同步采集时段长度为 40 分钟后,退出数据采集,关闭接收机。

(5)再次量测天线高,记录测站的点号、天线高、接收机编号和观测时间,然后将接收机、基座等收好。

(6)在计算机上安装数据处理软件。

(7)将接收机记录的数据文件拷贝到计算机中,进行基线解算和平差处理后输出处理成果,打印出网图及成果报告。

五、技术要求

1．观测前后两次天线高量测结果之差应不大于 3 毫米。
2．3 台接收机连续同步采集时段长度不少于 40 分钟。
3．天线高的量测读数精确至 1 毫米。

六、注意事项

1．接收机应安置在比较开阔的点位上,视场内周围障碍物的高度角应不大于 15°。
2．观测期间,不得在天线附近 50m 内使用电台,10m 内使用对讲机。
3．每大组的 GPS 接收机开关时间应尽量保持同步。
4．一时段作业过程中,不允许对接收机进行关闭又重新启动。
5．观测期间要防止接收机震动,更不得移动,要防止人员或其他物体碰触天线或阻挡信号。

七、实验报告

每实验小组上交 GPS 测量记录表(表 2-26-1)。

八、练习题

1．按用户接收机在作业中所处的状态可将 GPS 定位模式分为 _____ 与 _____,按参考点的不同位置可将 GPS 定位模式分为 _____ 与 _____。
2．GPS 观测时,周围障碍物的高度角应不大于 _____。

表 2-26-1 GPS 测量记录表

日期＿＿＿＿年＿＿月＿＿日　天气＿＿＿＿＿＿　观测者＿＿＿＿＿＿　记录者＿＿＿＿＿

点号	仪器编号	测前天线高(m)	测后天线高(m)	平均天线高(m)	开始记录时间	结束记录时间	X(m)	Y(m)	Z(m)

实验二十七　GPS-RTK 碎部测量与放样

一、实验目的

1. 了解 GPS-RTK 系统组成与作业过程。
2. 了解利用 GPS-RTK 进行碎部测量的方法。
3. 了解利用 GPS-RTK 进行放样的方法。

二、实验计划

1. 实验时数为 2—3 学时。
2. 每实验小组由 4 人组成。
3. 每组完成一次参考站设置,测量 4 个碎部点坐标。
4. 每组放样 4 个已知坐标点。

三、实验仪器

每实验小组的实验器材包括参考站和流动站两部分。参考站器材包括:双频 RTK-GPS 接收机套件,数据发送电台套件,电源;流动站器材包括:双频 RTK-GPS 接收机套件、数据接收电台套件,电源、背包、手持控制器、对中杆。

四、方法步骤

GPS-RTK 系统的仪器设备较多,首先应在指导教师的介绍下认识仪器,掌握系统各部件的电路连接和使用方法,然后开始进行 RTK 测量与放样,具体方法如下:

(1)在参考站上安置 GPS 接收机,将天线、电源、手持控制器和电台与接收机连接。

(2)通过手持控制器进行 RTK 相关设置后输入参考站已知坐标和天线高,启动参考站接收机。

(3)将流动站 GPS 接收机与天线、电台、电源、控制器等正确连接。

(4)进行 RTK 测量初始化。初始化可以采用静态、OTF(运动中初始化)两种方法。初始化时间长短与距参考站的距离有关,两者距离越近,初始化越快。推荐采用静态初始化方式,OTF 方式一般在测量船、汽车等运动载体上使用。初始化成功后,RTK 启动完成,即可进行 RTK 测量与放样。

五、技术要求

1. 检验点的平面位置较差不大于图上 0.2 毫米,高程较差不大于基本等高距的 1/5。
2. 参考站接收机对中误差不大于 5 毫米,天线高的量取精确至 1 毫米。

六、注意事项

1. 参考站应选择安置在地势较高的控制点上，周围无高度角超过15°的障碍物和强烈干扰卫星信号或反射卫星信号的物体。

2. 正确输入参考站的相关数据，包括点名、坐标、高程、天线高等。

3. 流动站初始化，应在比较开阔的地点进行。

七、实验报告

每组上交：

1. GPS-RTK 碎部测量记录表（表 2-27-1）。

2. GPS-RTK 工程放样记录表（表 2-27-2）。

八、练习题

1. GPS-RTK 系统由 _____ 和 _____ 两部分组成。

2. GPS-RTK 是一种载波相位实时差分定位技术，它的测量精度可以达到（　　）级。

A. 米

B. 分米

C. 厘米

D. 毫米

表 2-27-1 GPS-RTK 碎部测量记录表

日期_____年_____月_____日　天气_____　　　　　观测者_____
仪器编号_____　　　　　　　　　　　　　　　　　　　　记录者_____

参考站	X=	Y=	H=	天线高=
流动站	X(m)	Y(m)	H(m)	天线高(m)

表 2-27-2 GPS-RTK 工程放样记录表

日期_____年_____月_____日　天气_____　　　　　观测者_____
仪器编号_____　　　　　　　　　　　　　　　　　　　　记录者_____

点号	已知坐标值		测设坐标值		坐标差		测设略图
	x(m)	y(m)	X′(m)	Y′(m)	Δx(mm)	Δy(mm)	

第三部分　测量实习

　　测量实习是在课堂教学结束之后进行的综合教学环节之一,是各项课间实验的综合应用,也是加深、巩固课堂所学知识的重要的实践性环节。

　　测量实习是有关专业整个教学计划的组成部分,通常单独作为一门课程开设。测量课堂教学与课间实验是测量实习的先修课程,只有测量学或工程测量成绩考核合格者,才能进行测量实习。

　　通过实习,可使学生进一步了解基本测绘工作的实践过程,系统地掌握测量作业的操作、记录、计算、地形图测绘、施工放样等基本技能,并进一步培养学生动手能力及发现问题、解决问题的能力,为以后应用测绘知识解决工程建设中有关问题打下基础。

　　本实习的实习计划中有些内容是基本实习内容,有些是结合各专业设计的,实习时可根据教学大纲、实习时间长短及专业情况灵活选择。学生应在指导教师指导下,完成相应测量实习任务。

一、实习目的

　　1. 巩固与提高所学测量知识。

　　2. 让学生掌握测量仪器的使用方法。

　　3. 让学生掌握大比例尺地形图的测绘方法。

　　4. 让学生掌握施工放样的基本方法。

　　5. 使学生掌握正确处理各种测量数据的方法。

　　6. 培养学生科学、严谨、实干精神和协作能力。

二、实习计划

　　1. 实习时间一般为 2 周。

　　2. 实习地点为指导教师指定的实习场地。

　　3. 每实习小组由 5~6 人组成,设组长 1 名。有关实习操作应轮流进行,使每个人都得到练习的机会。

　　4. 每实习小组的任务要求、实习内容及大致时间安排如下表。

表 3-1

实习内容		参考时间安排	任务要求
布置任务、借领仪器、踏勘测区		0.5 天	做好出测准备工作
大比例尺地形图测绘	控制测量外业	2.5 天	每组测绘 40cm×50cm 1：500 地形图 1 幅
	控制测量内业绘制坐标方格网展绘控制点	0.5 天	
	碎部测量	3 天	
	地形图检查、整饰	0.5 天	
建筑物放样、高程测设	根据需要选择其中 1～3 项	2 天	测设一建筑物
四等水准测量			施测 2～3 千米四等水准
等高线地形图测绘			测绘 10cm×20cm 1：500 等高线地形图
线路测设			施测 200～300 米线路纵、横断面图
断面测量			测设一带圆曲线的线路
总结、考核、交还仪器		1 天	编写实习报告、考核、归还仪器
合计时间			10 天

三、实习仪器

测量实习使用仪器较多,在整个实习期间由各实习小组自行保管。仪器借领可一次进行,也可分次进行;仪器归还可一次进行,也可分次进行。各实习小组应在指导教师指定的时间借领及归还仪器。

如分两次借领,第 1 批在布置实习任务后,第 2 批可在控制测量内业计算经检查合格之后。

各实习小组的实习器材为:

DJ6 光学经纬仪 1 台(或全站仪 1 台),DS₃ 水准仪 1 台,钢尺 1 把,罗盘仪 1 个,水准尺 2 把,尺垫 2 个,标杆 3 根,标杆架 2 个,榔头 1 把,木桩若干,测针 1 束,平板仪 1 套,皮尺 1 把,量角器 1 个,比例尺 1 把,图式 1 本,图纸 1 张,工具包 1 个。

四、方法步骤与技术要求

1. 大比例尺地形图测绘

测图比例尺为 1：500,图幅大小为 40cm×50cm,实地测图面积为 200m×250m。

(1)平面控制测量

1)踏勘选点及建立标志

根据测区的实际情况,平面控制网可布设成导线网或小三角网,在平坦地区(量距方便的情况下),一般布设成闭合导线。本实习按图根控制测量的要求布网、观测。

每组在指定的测区进行踏勘，了解是否有已知等级控制点，熟悉测区施测条件，并根据测区范围和测图要求确定布网方案进行选点。选点的密度应能覆盖整个测区，便于碎部测量。一般要求相邻点之间的距离在 100 米左右，相邻导线边长大致相等。控制点的位置应选在土质坚实便于保存标志和安置仪器、通视良好便于测角和量距、视野开阔便于施测碎部之处。如果测区内有已知点，则所选图根控制点应包括已知点。点位确定之后，即打下木桩，桩顶钉上小钉作为标志。如点位选在水泥地上，可用红油漆在地上划"⊕"作为标志。

点位选定后，应进行编号，为方便寻找，应在附近用红漆写明控制点的编号。

2）水平角观测

导线的转折角用经纬仪测回法观测一测回。一般观测导线的左角或右角，为便于内业计算，防止混淆出错，应避免左、右角混测。

盘左、盘右两个半测回的水平角之差应小于 $40''$。导线角度闭合差的限差为 $f_{\beta容} = \pm 60''\sqrt{n}$，$n$ 为导线角个数。

3）边长测量

导线的边长可用钢尺或电磁波测距仪来施测。

用钢尺丈量时，按钢尺量距一般方法进行往返丈量。往返测较差的相对误差应小于 $1/3000$。

4）连接测量

导线应与高级控制点连测，以取得坐标和方位角的起算数据。

当测区内无已知点时，应尽可能找到测区外的已知控制点，并与本测区所设图根控制点进行连测，这样可使各组所设控制网纳入统一的坐标系统。

当测区内及附近无高级控制点时，导线作为独立地区的平面控制，可用罗盘仪测定一条边的磁方位角，并假定一点的坐标，以此作为起算数据，各小组假定控制网中 1 号点的坐标为 $x_1 = 500.000$ 米，$y_1 = 500.000$ 米。

5）坐标计算

导线测量内业计算的目的是计算各导线点的平面坐标。在计算之前，应全面检查外业观测记录成果，符合要求后，在导线略图上注明已知数据及实测的边长、转折角、连接角等观测数据，然后进行导线的坐标计算。

导线的内业计算应在规定的表格中进行，计算时，图根导线的角度值及方位角值通常取至秒；边长及坐标值通常取至毫米，也可取至厘米。

导线坐标计算按如下步骤进行：

①角度闭合差的计算与调整

先计算角度闭合差 f_β，当 $f_\beta \leqslant f_{\beta容}$ 时，可进行角度闭合差的调整。

角度闭合差调整的方法是：反符号按角度个数平均分配。

②导线边方位角的推算

由已知边的已知方位角或由罗盘仪所测磁方位角开始，推算出其他各边的方位角。

③坐标增量计算

④坐标增量闭合差的计算与调整

算出导线坐标增量闭合差 f_x、f_y，然后计算导线全长闭合差 f，再计算导线相对闭合差 T。

图根导线容许的相对闭合差为 1/2000。如果 $T \leqslant T_{容}$，说明满足精度要求，则可进行坐标增量闭合差的调整。

坐标增量闭合差的调整方法是：反符号按边长比例分配。

⑤导线点坐标计算

（2）高程控制测量

1）观测

在踏勘选点的同时，应布设高程控制网。本实习按图根控制的要求测出各图根点的高程，一般采用图根水准方法。

当测区内或测区附近有已知水准点时，应连接已知点，组成闭合或附合水准路线。如无已知水准点，各小组可假定一水准点，假定其高程为 20.000 米。

图根水准测量的视线长度应小于 100 米，路线高程闭合差 $f_{h容} = \pm 40\sqrt{L}$ 毫米或 $f_{h容} = \pm 12\sqrt{n}$ 毫米，式中 L 为路线长度，以千米为单位，n 为测站数。

2）高程计算

先计算高差闭合差 f_h，如 $f_h \leqslant f_{h容}$，则说明成果合格，可进行高差闭合差的调整。

高差闭合差的调整方法是：反符号按路线长度或测站数比例分配。

高差闭合差调整后，可算出各控制点的高程。

（3）测图准备

1）绘制坐标格网

用坐标格网尺法或对角线法绘制 40 厘米×50 厘米坐标方格网。

坐标格网线粗应不超过 0.1 毫米；方格边长与理论长度（10 厘米）之差不应超过 0.2 毫米；图廓边长及对角线与理论长度之差不应超过 0.3 毫米；纵横格网线严格正交，同一条对角线上各方格顶点应位于一直线上，其偏离值不超过 0.2 毫米。

2）展绘控制点

坐标格网画好后，根据分幅及编号，在图上注明格网线的坐标，然后根据控制点的坐标值把控制点展绘到图上。

在独立测区假定起始点坐标时，应设计好格网线的坐标值（本实习的测图比例尺为 1：500，格网线的坐标应为 50 米的整数倍），使控制网位于坐标格网的中部，这样使控制点均匀分布测区，便于碎部测量。

控制点展好后，还应注上点号和高程。在点的右侧画一细短线，上方标注点号，下方注写高程。

控制点展绘完毕，应检查有无差错及是否满足要求。用比例尺在图上量取相邻控制点间的距离，与已知距离相比其差值不应超过图上 0.3 毫米。

（4）碎部测量

1）测图方法

碎部测量可采用经纬仪配合量角器测绘。有条件的，可用全站仪测图。

2）碎部点的选择

跑尺选点应对所有地物和地貌的特征点立尺。

对于地物应选择能反映其平面形状的特征点作碎部点,如房角、道路交叉口、河流转弯处以及独立地物的中心等。对于一些凹凸较多的房屋,也可只测其主要的转折角,用皮尺量取其他有关长度,再按几何关系画出轮廓。对于圆形建筑,可测出其中心,量出半径,或者测出外廓上至少三点,然后作圆。道路可只测路的一边,另一边按量得的宽度绘出,或测出路的中心线再按路宽绘出两边线。对于要按实际形状画出的地物,如形状不规则,当凹凸部分在图上大于 0.4 毫米时均应表示出来。道路、围墙、管线等曲折在图上小于0.5 毫米时可忽略不计将其拉直。

对于地貌,应选择山顶、鞍部、山脊、山谷和山脚等坡度及方向变化处的地貌特征点作碎部点。对平坦地区也应间隔一定距离(一般图上为 30 毫米)测绘一碎部点,每块平地应注明其代表性高程。

对于碎部点的最大视距,一般地区的主要地物点为 60 米,次要地物、地貌点为 100米;城市建筑区的次要地物、地貌点为 70 米,主要地物点为 50 米(用皮尺实地丈量)。在平坦地区视距最大长度可放宽 20%。

3)地形点的展绘

展绘时应按图式符号表示出居民地、独立地物、管线及垣栅、境界、道路、水系、植被等各项地物和地貌要素以及各类控制点、地理名称注记等。高程注记至厘米,记在测点右边,字头朝北。按相应比例尺勾画等高线。所有地形地物应在测站现场绘制完成。

4)测站点的加密

为了保证测图精度,测区内解析图根点应具有一定的密度,如原有的图根点不能满足测图的需要时,应加密测站点,常用的方法是平板仪支点。

支点时,距离的往返测之差不应超过平均值的 1/150,高差的往返测之差不应超过1/5 等高距。视距支点边长不应大于相应比例尺地形点最大视距的 2/3。

(5)地形图的检查与整饰

1)检查

先进行室内检查,主要检查地物、地貌的线条是否正确、清晰,连接是否合理,各种符号是否有错,名称注记是否有遗漏,发现问题应记录,以便室外检查时核对。

室外检查时,把图纸拿到现场,与实地进行全面核对,检查地物、地貌表示是否与实地相符,有无遗漏,各种注记是否正确等。若发现问题,应用仪器进行检查、更正或补测。

2)整饰

按照大比例尺地形图图式规定的符号,用铅笔对原图进行整饰。整饰的一般顺序为:内图廓线、控制点、独立地物、主要地物、次要地物、高程注记、等高线、植被、名称注记、外图廓线及图廓外注记等。整饰要求达到真实、准确、清晰、美观。

图廓线外正上方中间应写明图名和图幅号,正下方中间应写明测图比例尺,在图廓线外左上方画出接图表,左下方注明测图方法和日期、坐标和高程系统、等高距及选用图式等,右下方写明测图班组成员的姓名。

2. 建筑物放样

(1)图上设计

在本组实测的地形图上自行设计一幢建筑物,并确定其设计坐标。建筑物为长 24 米、宽 8 米的长方形建筑,并自行设计其高程。

(2)平面位置的测设

1)测设数据计算

根据建筑物与控制点之间的位置及现场地形情况,可选择采用极坐标法、角度交会法、距离交会法或直角坐标法来测设,选定测设方法后,计算出放样数据。

2)现场测设

根据控制点及所算得的放样数据进行现场测设。

点的平面位置测设后,应进行检核。丈量检核边的边长,与设计值的相对误差应小于 1/3000。

(3)高程测设

根据建筑物附近已知水准点或测图控制点的高程,用水准测量方法测设出建筑物的设计高程。

3. 四等水准测量

在指导教师指定区域布设一条 2~3 千米长的闭合四等水准路线,在该线路上布设 3~4 个未知点,从已知水准点出发,按四等水准测量的要求进行施测。

四等水准测量的路线高差闭合差的容许误差为 $f_{h容} = \pm 20\sqrt{L}$ 毫米,其中 L 为路线长度,以千米计。如高差闭合差 $f_h \leqslant f_{h容}$,则可进行高差闭合差的调整,计算各未知点的高程。

4. 等高线地形图测绘

有些学校受测区地形条件的限制,在测绘大比例尺地形图时,测区范围平坦,如条件允许,可增加等高线地形图测绘的内容。

选择一丘陵或山地,用罗盘仪定向,施测 10cm×20cm 1:500 等高线地形图 1 张,按地貌特征点选点立尺,测出碎部点,按 0.5 米等高距勾画等高线。

5. 线路测设

在各小组的地形图上或指导教师指定的其他实习场地上选定两条长约 150 米的相交线段 AJD、JDB,如图 3-1 所示,以两线段作为路线的直线段,相交点为线路交点。在两直线间设计一条圆曲线,并根据情况设计圆曲线半径 R。

(1)交点测设

如是在地形图上设计的,在地形图上定出了线路中线的位置及交点的位置,可根据中线附近的控制点或地物情况,采用极坐标法、距离交会法、角度交会法或穿线交点法测设出 A、JD、B 等点。测设数据可用图解法或解析法求得。

如不是在地形图上选点,而是直接在实习场地

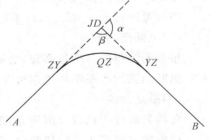

图 3-1

选点时，可直接在场地上打出 A、JD、B 三点的木桩。

（2）转点的测设

如 JD 与 A、B 两点之间不通视，则可在 AJD 及 JDB 方向上设置转点。如 JD 与 A、B 两点通视，则无需设置转点。

（3）转向角的测定

路线的交点和转点定出之后，则可测出线路的转向角，如图 3-1 所示。要测定转向角 α，通常先测出线路的转折角 β，转折角一般是测定线路前进方向的右角，可用 DJ6 经纬仪按测回法观测一测回。

（4）中桩测设

设线路起点 A 的桩号为 0+000，从起点开始，用皮尺丈量，每隔 20 米设置一个中桩，并量出 JD 的桩号。

（5）圆曲线主点测设元素计算

根据圆曲线的设计半径 R 和测得的转向角 α，可计算出圆曲线的主点测设元素，即切线长 T、曲线长 L、外矢距 E 及切曲差 q。

（6）主点桩号计算

根据交点的桩号可计算出圆曲线主点，即直圆点 ZY、曲中点 QZ 及圆直点 YZ 的桩号。

（7）圆曲线主点测设

根据主点测设元素，在 JD 安置经纬仪，可测设出圆曲线的各主点。

（8）圆曲线细部点测设

测设出圆曲线主点后，可测设出圆曲线上的整数桩（本实习取至整 20 米）。

圆曲线的测设可用偏角法、切线支距法、弦线支距法、弦线偏距法等，本实习可采用偏角法测设。

6. 断面测量

在上述线路测设的基础上进行断面测量。

（1）纵断面测量

纵断面测量采用水准测量方法，从一个已知高程点出发，逐个施测各个中桩的地面高程，最后附合到另一已知点。

在观测中，前、后视读数读至毫米，中间视可读至厘米，高差闭合差的限差为 $f_{h容} = \pm 50 \sqrt{L}$ 毫米，L 为路线长度，以千米计。

当高差闭合差 $f_h \leqslant f_{h容}$，可不调整闭合差，直接计算各中桩的高程，计算至厘米。

（2）纵断面图绘制

根据所得的各中桩高程，绘制纵断面图。

纵断面图的水平距离比例尺取 1：2000，高程比例尺取 1：200。

（3）横断面测量

在横向坡度变化较大的地方，选 3～5 个中桩位置，进行横断面测量。

横断面方向可用方向架测定，左右两侧各测 20 米距离，在各坡度变化处立尺，用水准仪后视中桩点、前视其他点，测出各点的高程，距离用皮尺量取，读数及高程取至厘米。

（4）横断面图绘制

根据所测横断面各点高程,绘制横断面图。

横断面图的水平距离比例尺和高程比例尺均取1:200。

五、注意事项

1. 测量实习的各项工作以实习小组为单位,小组成员之间应密切配合,团结协作,发扬团队精神,以便顺利完成实习任务,达到实习目的。

2. 各小组长要切实负责,合理安排各项工作,使每个人都有练习的机会。

3. 要执行测量实验实习基本要求的有关规定。

4. 遵守纪律,不得随意缺席。

5. 做好复习预习。有许多学校测量课程排在二上,即第三学期,而测量实习排在第四学期后的暑期,中间相隔半年,这非常好,好在通过实习,可以更好地掌握巩固所学知识,但也有不利,即相隔1个学期,有些内容可能有所遗忘,做好复习工作是必要的。

6. 在每天出测前,要做好准备工作,包括预习、作业方法、仪器、工具、计算工具等的准备。

7. 每项工作观测完成后,应及时整理、计算。

8. 各小组的原始记录在实习期间,应妥善保存。

9. 发扬严谨的科学精神,原始数据不得涂改、伪造,超出限差时应及时返工。

10. 测量实习时,所用仪器工具较多,借领时应认真清点。每天出测时要根据需要带齐,并检查其性能,有问题时应及时到实验室修理、更换。每天收工时应清点,不要丢失,要完好无损归还。

11. 夏天实习时,可早出晚归,中午天气炎热可多休息。

12. 观测过程中,人不能离开仪器,保护好仪器、点位、尺垫等。

13. 爱护花木、农作物,保护环境。

14. 注意安全,仪器设站应不影响交通,且少受交通干扰。

15. 有关技术问题及时向指导教师反映。测量实习不同于课间实验,课间实验指导教师一直在现场,而实习课程教师每天巡视,各项工作在布置后由学生自己进行,发现问题和解决问题;如有困难,在指导教师巡视时及时提出,以便更好地解决。

六、实习报告

测量实习报告是完成测量实习时的技术总结,其编写格式和内容如下:

1. 封面:实习名称、学校、专业、班级、学号、姓名、组号、同组成员、指导教师、编写日期等。

2. 目录

3. 前言:简述测量实习时间、地点、目的、任务、测区概况、天气、每天工作、出勤情况等。

4. 实习内容:实习过程、测量内容、程序、方法、精度要求、实测结果、计算成果等。

5. 实习体会:叙述实习过程中所遇困难和问题及解决办法,通过实习所取得的经验、教训、所获成绩与不足、心得体会等。

七、实习成果

1. 每实验小组上交成果

(1)控制网略图。

(2)平面和高程控制测量外业观测记录、成果计算表。

(3)控制点成果表。

(4)碎部测量记录表。

(5)1：500 地形图 1 幅。

(6)建筑物放样记录表。

(7)四等水准测量记录表。

(8)等高线地形图 1 张。

(9)线路测设记录。

(10)断面测量记录、断面图。

其中(6)～(10)项应根据任务布置情况而定,需做时才提交。

2. 个人提交资料

测量实习报告。

测量实习成果数据

学　校＿＿＿＿＿＿＿＿＿＿＿＿＿＿＿＿

专　业＿＿＿＿＿＿＿＿＿＿＿＿＿＿＿＿

班　级＿＿＿＿＿＿＿＿＿＿＿＿＿＿＿＿

小　组＿＿＿＿＿＿＿＿＿＿＿＿＿＿＿＿

姓　名＿＿＿＿＿＿＿＿＿＿＿＿＿＿＿＿

　　　　＿＿＿＿＿＿＿＿＿＿＿＿＿＿＿＿

指导教师＿＿＿＿＿＿＿＿＿＿＿＿＿＿＿＿

＿＿＿＿年＿＿＿＿月＿＿＿＿日

目　录

表1 控制点成果表

日期＿＿＿年＿＿＿月＿＿＿日　　　　　　　　　　　　填表者＿＿＿＿＿＿

点　名	点　号	类　别	等　级	纵坐标 x（m）	横坐标 y（m）	高程 H（m）	备　注

表 2　水准测量记录表（一）

日期_____年_____月_____日　天气_____　　　　　　　　观测者_____

仪器号码_____　　　　　　　　　　　　　　　　记录者_____

测　站	点　号	水 准 尺 读 数		高　差（m）	备　注
		后　视（m）	前　视（m）		
计算校核		$\sum a =$　　　$\sum b =$ $\sum a - \sum b =$		$\sum h =$	

表3 水准测量记录表(二)

日期_____年_____月_____日　天气_____　　　　　　　　观测者_____

仪器号码_____　　　　　　　　　　　　　　　　　　　　记录者_____

测　站	点　号	水 准 尺 读 数		高　差 （m）	备　注
		后　视 （m）	前　视 （m）		
计算校核		$\sum a =$ 　　　$\sum b =$ $\sum a - \sum b =$		$\sum h =$	

表 4   水准测量成果计算表

点　号	测站数	测得高差 （m）	高差改正数 （m）	改正后高差 （m）	高　程 （m）
$\sum$					

$f_h =$　　　　　　　　　　　　　　　$f_{h容} =$

表5 水平角观测记录表(一)

日期_____年_____月_____日 天气_____　　　　　　　观测者_____

仪器号码_____　　　　　　　　　　　　　　　　　　　　记录者_____

测　站	目　标	竖盘位置	水平度盘读数 。　′　″	半测回角值 。　′　″	一测回角值 。　′　″	备　注
		左				
		右				
		左				
		右				
		左				
		右				
		左				
		右				
		左				
		右				

表6 水平角观测记录表(二)

日期_____年_____月_____日 天气_____ 观测者_____

仪器号码_____ 记录者_____

测 站	目 标	竖盘位置	水平度盘读数 ° ′ ″	半测回角值 ° ′ ″	一测回角值 ° ′ ″	备 注
		左				
		右				
		左				
		右				
		左				
		右				
		左				
		右				
		左				
		右				

表 7 钢尺量距记录表

日期_____年_____月_____日　　天气_____　　　　　　司尺员_____

钢尺号码_____　　　　　尺长_____　　　　　　记录员_____

测　线		往　测		返　测		往－返	相对精度	平均长度	备　注
起 点	终 点	尺段数	D_1	尺段数	D_2	（m）	$\dfrac{往－返}{距离平均值}$	（m）	
		尾　数	（m）	尾　数	（m）				

表 8 罗盘仪测量记录表

日期_____年_____月_____日

天气_____

观测者_____

记录者_____

测　　线	磁　方　位　角		平　均　值	备　　注
	正			
	反			
	正			
	反			
	正			
	反			
	正			
	反			
	正			
	反			
	正			
	反			
	正			
	反			
	正			
	反			
	正			
	反			
	正			
	反			

表9 全站仪测量记录(一)

日期_____年_____月_____日　　天气_____　　　　　　观测者_____

仪器编号_____　　　　　　　　　　　　　　　　　　　　记录者_____

测　站		镜　站	
开始时间		结束时间	
棱　镜　数		信号强度	

		测回	1	2	3	4
距离观测	读数					
	中数					

	测　回	盘左读数	盘右读数	指标差	竖直角
竖直角观测	1				
	2				
	3				
	4				

		始		末	
气象观测		温　度	气　压	温　度	气　压

	平均温度	平均气压	加常数	乘常数	平均竖直角
水平距离计算					
	气象改正		常数改正		倾斜改正
	平均斜距				
	水平距离				

表 10　全站仪测量记录（二）

日期_____年_____月_____日　天气_____　　　　　　　观测者_____

仪器编号_____　　　　　　　　　　　　　　　　　　　记录者_____

测　　站			镜　　站	
开始时间			结束时间	
棱　镜　数			信号强度	

	测回	1	2	3	4
距离观测	读数				
	中数				

	测　回	盘左读数	盘右读数	指标差	竖直角
竖直角观测	1				
	2				
	3				
	4				

		始		末	
气象观测		温　度	气　压	温　度	气　压

	平均温度	平均气压	加常数	乘常数	平均竖直角
水平距离计算					
	气象改正		常数改正		倾斜改正
	平均斜距				
	水平距离				

日期_____ 年_____ 月_____ 日

计算者_____

表 11 导线坐标计算表

点号	转折角 ° ′ ″	改正后角值 ° ′ ″	方位角 ° ′ ″	边长 (m)	坐标增量		改正后增量		坐标		点号
					Δx (m)	Δy (m)	Δx (m)	Δy (m)	x (m)	y (m)	

$\sum \beta_{测} =$

$\sum \beta_{理} =$

$f_\beta =$　　　　$f_x =$　　　　$f =$

$f_{容} =$　　　　$f_y =$　　　　$T =$

表 12 碎部测量记录表（一）

日期_____年_____月_____日　天气_____　观测者_____　记录者_____

仪器号码_____　　指标差_____　　视距常数_____

测　站_____　　测站高程_____　　仪器高程_____

点号	尺上读数		视距间隔（m）	竖直角		水平角。′	水平距离（m）	高程（m）	备注
	中丝	下丝上丝		竖盘读数。′	竖直角值。′				

表 13　碎部测量记录表(二)

日期＿＿＿＿年＿＿＿＿月＿＿＿＿日　天气＿＿＿＿＿＿＿　观测者＿＿＿＿＿＿＿　记录者＿＿＿＿＿＿＿

仪器号码＿＿＿＿＿＿＿＿　指标差＿＿＿＿＿＿＿＿　视距常数＿＿＿＿＿＿＿＿＿

测　　　站＿＿＿＿＿＿＿　测站高程＿＿＿＿＿＿＿　仪器高程＿＿＿＿＿＿＿＿＿

点号	尺上读数		视距间隔(m)	竖 直 角		水平角。　′	水平距离(m)	高程(m)	备注
	中　丝	下　丝上　丝		竖盘读数。　′	竖直角值。　′				

表 14　碎部测量记录表（三）

日期_____年_____月_____日　天气_____　观测者_____　记录者_____

仪器号码_____　指标差_____　视距常数_____

测　　站_____　测站高程_____　仪器高程_____

点号	尺上读数		视距间隔（m）	竖直角		水平角。　′	水平距离（m）	高程（m）	备注
	中　丝	下　丝 上　丝		竖盘读数。　′	竖直角值。　′				

表15 三(四)等水准测量手簿

施测路线自_____至_____ 　　观测者_____ 　　记录者_____
日　期_____年_____月_____日 　　天　气_____ 　　仪器型号_____
开　始_____时_____分 结　束_____时_____分 成　像_____

测站编号	点号	后尺	下丝 / 上丝	前尺	下丝 / 上丝	方向及尺号	水准尺读数		K+黑－红	高差中数	备注
		后距(m)		前距(m)			黑面(m)	红面(m)			
		前后视距差(m)		积累差(m)					(mm)	(m)	
		(1)		(4)		后	(3)	(8)	(14)		
		(2)		(5)		前	(6)	(7)	(13)	(18)	
		(9)		(10)		后－前	(15)	(16)	(17)		
		(11)		(12)							
						后					
						前					
						后－前					
						后					
						前					
						后－前					
						后					
						前					
						后－前					
						后					
						前					
						后－前					

测站编号	点号	后尺 下丝 上丝 后 距(m) 前后视距差(m)	前尺 下丝 上丝 前 距(m) 积 累 差(m)	方向及尺号	水准尺读数		K+黑－红 (mm)	高差中数 (m)	备注
					黑 面（m）	红 面（m）			
				后					
				前					
				后－前					
				后					
				前					
				后－前					
				后					
				前					
				后－前					
				后					
				前					
				后－前					
				后					
				前					
				后－前					

续表

测站编号	点号	后尺 下丝 / 上丝 后距(m) 前后视距差(m)	前尺 下丝 / 上丝 前距(m) 积累差(m)	方向及尺号	水准尺读数		K+黑-红 (mm)	高差中数(m)	备注
					黑面(m)	红面(m)			
				后					
				前					
				后—前					
				后					
				前					
				后—前					
				后					
				前					
				后—前					
				后					
				前					
				后—前					
				后					
				前					
				后—前					
检核		$\sum(9)-\sum(10)=$ 末站(12)= 总视距 $=\sum(9)+\sum(10)=$			$\sum[(3)+(8)]-\sum[(6)+(7)]=$ $\sum[(15)+(16)]=$ $2\sum(18)=$				

表 16 点位测设记录表

日期＿＿＿＿年＿＿＿＿月＿＿＿＿日　天气＿＿＿＿＿＿＿　　　　　　　　观测者＿＿＿＿＿＿＿＿

仪器号码＿＿＿＿＿＿＿＿＿　　　　　　　　　　　　　　　　　　　　　记录者＿＿＿＿＿＿＿＿

边名	坐　标　值				水平距离 （m）	方位角 ° ′ ″	水平角 ° ′ ″
	x_1 （m）	y_1 （m）	x_2 （m）	y_2 （m）			

表 17 点位测设检核记录表

边名	设计边长 （m）	丈量边长 （m）	相对误差

表 18　高程测设记录表

日期_____年_____月_____日　　天气_____　　　　　　　　观测者_____

仪器编号_____　　　　　　　　　　　　　　　　　　　　记录者_____

水准点号	水准点高程（m）	后视读数（m）	视线高程（m）	测设点号	设计高程（m）	前视应读数（m）	备　注

表 19　水平角观测记录表

日期＿＿＿＿年＿＿＿＿月＿＿＿＿日　　天气＿＿＿＿＿＿＿＿　　　　　　　　观测者＿＿＿＿＿＿＿

仪器号码＿＿＿＿＿＿＿＿＿＿　　　　　　　　　　　　　　　　　　　　记录者＿＿＿＿＿＿＿＿

测　站	目　标	竖盘位置	水平度盘读数 。　　′　　″	半测回角值 。　　′　　″	一测回角值 。　　′　　″	备　注
		左				
		右				
		左				
		右				

表 20　圆曲线主点测设元素及主点桩号计算表

交点桩号	
转折角	
转向角 α	
圆曲线半径 $R(\mathrm{m})$	
切线长 $T=R\tan\dfrac{\alpha}{2}(\mathrm{m})$	
曲线长 $L=\dfrac{\pi}{180°}\alpha R(\mathrm{m})$	
外矢距 $E=R\left(\sec\dfrac{\alpha}{2}-1\right)(\mathrm{m})$	
切曲差 $q=2T-L(\mathrm{m})$	
圆曲线起点 ZY 桩号＝JD 桩号－T	
圆曲线中点 QZ 桩号＝ZY 桩号＋$\dfrac{L}{2}$	
圆曲线终点 YZ 桩号＝QZ 桩号＋$\dfrac{L}{2}$	
检核 YZ 桩号＝JD 桩号＋$T-q$	

表 21　偏角法测设圆曲线测设数据计算表

曲线桩号	相邻桩点间弧长 （m）	偏角值 。　　′　　″	相邻桩点间弦长 （m）

表 22　纵断面测量记录表

日期_____年_____月_____日　天气_____　　　　　观测者_____

仪器编号_____　　　　　　　　　　　　　　　　　　记录者_____

测站	点　号	后视读数（m）	中视读数（m）	前视读数（m）	前后视高差（m）	视线高程（m）	测点高程（m）	备注

表 23 横断面测量记录表

日期＿＿＿＿年＿＿＿＿月＿＿＿＿日　　天气＿＿＿＿＿＿　　　　　　　　　观测者＿＿＿＿＿＿＿

仪器编号＿＿＿＿＿＿＿＿　　　　　　　　　　　　　　　　　　　　　　　　记录者＿＿＿＿＿＿＿

测站	地形点距中桩距离 （m）	后视读数 （m）	前视读数 （m）	中视读数 （m）	视线高程 （m）	高　程 （m）	备　注

测量实习报告

学　　校＿＿＿＿＿＿＿＿＿＿＿＿＿＿＿＿

专　　业＿＿＿＿＿＿＿＿＿＿＿＿＿＿＿＿

班　　级＿＿＿＿＿＿＿＿＿＿＿＿＿＿＿＿

学　　号＿＿＿＿＿＿＿＿＿＿＿＿＿＿＿＿

姓　　名＿＿＿＿＿＿＿＿＿＿＿＿＿＿＿＿

组　　号＿＿＿＿＿＿＿＿＿＿＿＿＿＿＿＿

同组成员＿＿＿＿＿＿＿＿＿＿＿＿＿＿＿＿

＿＿＿＿＿＿＿＿＿＿＿＿＿＿＿＿

指导教师＿＿＿＿＿＿＿＿＿＿＿＿＿＿＿＿

＿＿＿＿＿年＿＿＿＿＿月＿＿＿＿＿日

目　录

参考文献

[1] 陈丽华主编. 测量学. 杭州:浙江大学出版社,2009

[2] 陈丽华主编. 测量实验与实习教材(第二版). 杭州:浙江大学出版社,2002

[3] 中华人民共和国国家标准. 工程测量规范(GB50026-2007). 北京:中国计划出版社,2008

[4] 中华人民共和国国家标准. 国家三、四等水准测量规范(GB/T 12898-2009). 北京:中国标准出版社,2009

[5] 赵良荣. 测量学实验指导书. 杭州:浙江大学出版社,1991

[6] 杨正尧主编. 测量学. 北京:化学工业出版社,2009

[7] 李晓莉. 测量学实验与实习. 北京:测绘出版社,2006

[8] 陈丽华主编. 土木工程测量学. 杭州:浙江大学出版社,2006

[9] 杨晓明,苏新洲编著. 数字测绘基础. 北京:测绘出版社,2005

[10] 邹永廉主编. 土木工程测量. 北京:高等教育出版社,2004

[11] 张序. 测量学实验与实习. 南京:东南大学出版社,2007

[12] 陈丽华主编. 土木工程测量(第二版). 杭州:浙江大学出版社,2002

[13] 梁盛智主编. 测量学. 重庆:重庆大学出版社,2002

[14] 陈丽华主编. 建筑工程测量. 杭州:浙江科学技术出版社,2001

[15] 程效军等. 测量实习教程. 上海:同济大学出版社,2005

[16] 覃辉,马德富,熊友谊编著. 测量学. 北京:中国建筑工业出版社,2007